21 世纪普通高等教育规划教材

管理信息系统习题集

（第二版）

主　编　周继雄　张　洪

副主编　刘爱君　熊小芬　梅宜军

上海财经大学出版社

目　录

第一章
管理信息系统概述

一、单项选择题

1. 信息（　　）。
   - A. 是形成知识的基础
   - B. 是数据的基础
   - C. 是经过加工后的数据
   - D. 具有完全性

2. 万维网又称（　　）。
   - A. Internet
   - B. WWW
   - C. Extranet
   - D. Intranet

3. 管理信息是（　　）。
   - A. 加工后反映和控制管理活动的数据
   - B. 客观世界的实际记录
   - C. 数据处理的基础
   - D. 管理者的指令

4. 信息化（　　）。
   - A. 是推动工业化的动力
   - B. 是工业化的基础
   - C. 代替工业化
   - D. 向工业化发展

5. 信息管理正在向（　　）发展。
   - A. 决策管理
   - B. 数据管理
   - C. ERP
   - D. 知识管理

6. 数据（　　）。
   - A. 就是信息
   - B. 经过解释成为信息
   - C. 必须经过加工才成为信息
   - D. 不经过加工也可以称作信息

7. 关于客观事实的信息（　　）。
   - A. 必须全部得到才能做决策
   - B. 有可能全部得到
   - C. 不可能全部得到
   - D. 是不分主次的

8. 作业信息系统由( )组成。

   A. 办公自动化系统、决策支持系统、电子数据处理系统

   B. 业务处理系统、过程控制系统、办公自动化系统

   C. 执行信息系统、业务处理系统、信息报告系统

   D. 战略信息系统、电子数据处理系统、业务处理系统

9. 数据资料中含信息量的大小,是由( )确定的。

   A. 数据资料中数据的多少   B. 数据资料的多少

   C. 消除不确定程度   D. 数据资料的可靠程度

10. 信息( )。

   A. 不是商品   B. 就是数据   C. 是一种资源   D. 是消息

11. 计算机输入的是( )。

   A. 数据,输出的还是数据   B. 信息,输出的还是信息

   C. 数据,输出的是信息   D. 信息,输出的是数据

12. 从管理决策问题的性质来看,在运行控制层上的决策大多属于( )的问题。

   A. 结构化   B. 半结构化   C. 非结构化   D. 以上都有

13. 信息流是物质流的( )。

   A. 定义   B. 运动结果   C. 表现和描述   D. 假设

14. 管理信息系统科学的三要素是( )。

   A. 计算机技术、管理理论和管理方法

   B. 管理方法、运筹学和计算机工具

   C. 系统的观点、数学方法和计算机应用

   D. 计算机技术、通信技术和管理工具

15. 按照不同级别管理者对管理信息的需要,通常把管理信息分为( )三级。

   A. 公司级、工厂级、车间级   B. 工厂级、车间级、工段级

   C. 厂级、处级、科级   D. 战略级、策略级、作业级

16. CIO 的中文含义是( )。

   A. 信息主管   B. 首席执行官   C. 财务主管   D. 企业资源计划

17. 从管理决策问题的性质来看,在战略管理层上的决策大多属于( )的问题。

   A. 结构化   B. 半结构化   C. 非结构化   D. 以上都有

18. 管理控制属于( )。

   A. 中期计划范围   B. 长远计划范围

   C. 战略计划范围   D. 作业计划范围

19. 管理信息系统是一个( )。

   A. 网络系统   B. 计算机系统   C. 操作系统   D. 人机系统

20. 管理信息系统的最大难点在于( )难以获得。

A. 系统数据　　　B. 系统信息　　　C. 系统人才　　　D. 系统需求

21. 金字塔形的管理信息系统结构的底部为(　　)问题的处理和决策。

A. 结构化　　　　B. 半结构化　　　C. 非结构化　　　D. 三者都有

22. 通常高层管理提出的决策问题与基层管理提出的决策问题相比,在结构化程度上(　　)。

A. 高层管理的决策问题的结构化程度高于基层的

B. 高层管理的决策问题的结构化程度低于基层的

C. 两者在结构化程度上没有太大差别

D. 以上三种情况都可能出现

23. 一个管理信息系统的好坏主要是看它(　　)。

A. 是否硬件先进、软件齐全　　　　　B. 是否适合组织的目标

C. 是否投资力量最省　　　　　　　　D. 是否使用计算机网络

24. 现代管理信息系统是(　　)。

A. 计算机系统　　　　　　　　　　　B. 手工管理系统

C. 人和计算机等组成的系统　　　　　D. 通信网络系统

25. 管理的职能主要包括(　　)。

A. 计划、控制、监督、协调　　　　　B. 计划、组织、领导、控制

C. 组织、领导、监督、控制　　　　　D. 组织、领导、协调、控制

26. 不属于联机实时处理方式的情况是(　　)。

A. 需要反应迅速的数据处理　　　　　B. 负荷易产生波动的数据处理

C. 数据收集费用较高的数据处理　　　D. 固定周期的数据处理

27. 计算机在管理信息系统中的应用可以分为三个阶段,按照时间顺序是(　　)。

A. EDP、MIS、DSS　　　　　　　　　B. MIS、DSS、EDP

C. DSS、MIS、EDP　　　　　　　　　D. DSS、EDP、MIS

28. 在管理信息系统的组成中,作为处理对象的是(　　)。

A. 信息用户　　　B. 信息处理者　　　C. 信息源　　　D. 信息管理者

29. EDP可以再划分为(　　)两个子系统。

A. 管理信息系统和决策支持系统　　　B. 成组决策支持系统和职能支持系统

C. 单项数据处理和综合数据处理　　　D. 电子数据处理和管理信息处理

30. 下列属于企业内部信息的是(　　)。

A. 市场需求　　　B. 国家经济政策　　　C. 原材料成本　　　D. 法律、法规

31. 在数据转化为信息的过程中,起关键作用的是(　　)。

A. 加工　　　　　B. 存储　　　　　C. 收集　　　　　D. 提供

32. 管理信息具有等级性,下面属于策略级的信息是(　　)。

A. 库存管理信息　　　　　　　　　　B. 产品投产

C. 工资单　　　　　　　　　　　　　D. 每天统计的产量数据

33. 下列人员中不属于信息系统终端用户的是(　　　)。

　　A. 系统分析员　　　B. 总经理　　　　　C. 部门经理　　　　D. 工人

34. 对制定企业战略决策起着重要作用的战略信息来源是(　　　)。

　　A. 企业作业信息　　　　　　　　　B. 企业管理信息

　　C. 企业的外部信息　　　　　　　　D. 企业的内部信息

35. 信息是附载在(　　　)。

　　A. 数据上的　　　B. 符号上的　　　　C. 消息上的　　　　D. 知识上的

36. 对于经济管理方面的信息来说,传递速度越快、使用越及时,那么其(　　　)。

　　A. 等级性越低　　　B. 时效性越强　　　C. 价值性越高　　　D. 越不完全

37. 管理信息系统是一门新型学科,它是属于(　　　)。

　　A. 经济学科　　　　　　　　　　　B. 计算机学科

　　C. 工程学科　　　　　　　　　　　D. 综合性、边缘性学科

38. 战略规划的目的是编制实现(　　　)的战略。

　　A. 短期目标　　　B. 中期目标　　　　C. 长期目标　　　　D. 市场目标

39. 决策支持系统支持(　　　)。

　　A. 结构化和半结构化决策　　　　　B. 结构化和非结构化决策

　　C. 半结构化和非结构化决策　　　　D. 半结构化与风险型决策

40. 管理信息系统科学的三要素是(　　　)。

　　A. 物理的观点、数学的方法、计算机的技术

　　B. 数学的观点、计算机的方法、信息的技术

　　C. 系统的观点、数学的方法、计算机的应用

　　D. 信息的观点、数学的方法、计算机的技术

41. 信息的定义从不同角度来看有多种含义,下列关于信息的定义中,错误的是(　　　)。

　　A. 信息是一种经过加工而形成的数据

　　B. 信息是数据所表达的客观事实,数据是信息的载体

　　C. 所有采集到的数据都可认为是信息

　　D. 信息是可以帮助人们进行决策的数据

42. 在管理信息系统的层次结构中,处于最高层的是(　　　)。

　　A. 事务处理　　　B. 业务信息处理　　　C. 战术信息处理　　　D. 战略信息处理

43. 在管理信息系统中,POS 是指(　　　)系统。

　　A. 电子数据交换　　　　　　　　　B. 客户关系管理

　　C. 电子商务系统　　　　　　　　　D. 销售点管理

44. 管理信息系统的结构是指(　　　)。

A. 管理信息系统的物理结构

B. 管理信息系统各个组成部分之间关系的总和

C. 管理信息系统的软件结构

D. 管理信息系统的硬件结构

45. 新闻记者常爱说"抢新闻",这是指信息的(　　　)。

    A. 事实性　　　　　B. 时效性　　　　　C. 价值性　　　　　D. 等级性

46. 从大量的数据和信息中选取或抽取所需信息并对其进行正确解释,是信息处理中的(　　)工作。

    A. 信息收集　　　　B. 信息存储　　　　C. 信息加工　　　　D. 信息传递

47. 为支持中层管理者进行日常工作的监视、控制、决策以及管理活动而设计的信息系统是(　　　)。

    A. 管理层系统　　　　　　　　　　B. 战略层系统

    C. 知识层系统　　　　　　　　　　D. 操作层系统

48. 人类社会发展的三大资源是(　　　)。

    A. 粮食、石油、水　　　　　　　　B. 物质、网络、信息

    C. 能源、物质、信息　　　　　　　D. 计算机、通信、网络

49. "管理的艺术在于驾驭信息"的含义是(　　　)。

    A. 管理者要善于掌握信息,提高信息的时效性

    B. 管理者要善于转换信息,实现信息的价值

    C. 管理者要善于对信息分类,掌握战略级信息,完成企业战略目标

    D. 管理者要善于将企业内部的物质流转换成信息流

50. 下列(　　　)不是事务处理系统的特点。

    A. 支持每天的运作　　　　　　　　B. 逻辑关系简单

    C. 重复性强　　　　　　　　　　　D. 为各管理层提供信息

51. 信息系统能使中层管理人员做更多的工作,可以减少对基层人员的需求,使组织结构变为(　　　)。

    A. 职能化结构　　　　　　　　　　B. 直线式结构

    C. 扁平化结构　　　　　　　　　　D. 菱形式结构

二、多项选择题

1. 关于信息与数据,从不同角度有不同的说法,以下说法中正确的有(　　　)。

    A. 信息是反映客观情况的数据,表达了人们对事物的认识

    B. 信息是经过对数据加工和处理产生的,是对数据的认识

    C. 数据是未经加工的,反映某一客观事实的表现

    D. 所有的数据都可以加工成为信息

2. 信息系统的任务包括( )。
   A. 数据采集和输入　　　　　　　　B. 信息的加工和处理
   C. 信息的反馈　　　　　　　　　　D. 信息的存储

3. 关于企业信息化的内涵,以下描述中正确的有( )。
   A. 企业信息化来源于外部的经济全球化和信息经济的要求
   B. 企业信息化来源于内部的管理模式与组织结构的要求
   C. 企业信息化是指企业手工处理信息的计算机化
   D. 企业信息化的关键在于掌握现代信息技术与管理理论的复合性人才

三、填空题

1. 信息化是由工业社会向信息社会前进的_____过程,那时,_____产品在社会生产中将起主导作用。

2. 信息技术促使传统的信息管理向_____管理发展。

3. 我国当前必须坚持以信息化_____工业化、以工业化_____信息化的道路。

4. 信息的中心价值是_____。

5. 信息高速公路又称_____。

6. 信息是关于_____的知识。

7. 信息按重要性可以分为战略信息、_____和_____。

8. 信息范围极广,气温变化属于_____信息,遗传密码属于_____信息。

9. 信息按照加工顺序可分为一次信息、_____信息和_____信息等。

10. 数据经过处理仍然是数据,只有经过_____才有意义。

11. 战略信息是关系到_____和_____问题决策的信息。

12. 信息的时效是指从信息源发送信息,经过接收、加工传递和利用所经历的_____及其_____。

13. 有关经常业务的决策对信息的需要量很_____。

14. 办公室自动化的具体功能有_____、_____、图像处理、声音处理和网络化等。

15. 信息是对客观世界各种事物变化和_____的反映。

16. 作业级决策大多具有_____性和_____性。

17. 信息按照反映形式可分为_____信息、_____信息和声音信息等。

18. 信息被列为与_____和_____相并列的人类社会发展的三大资源之一。

19. 作业级的信息大多来自内部,信息的精度_____,使用频率_____,使用寿命短。

20. 可以用_____的值来表示信息在系统运行过程中的有序程度。

21. 管理信息系统的基本结构可以概括为四大部件,即信息源、_____、_____和_____。

22. 管理信息系统是_____和_____相结合的系统、多学科交叉的边缘科学。

23. 管理信息系统绝不只是一个技术系统,而是把人包括在内的人机系统,因而它是一个_____系统。

24. 管理信息系统按其所能处理的管理数据和提供的决策服务程度可分为三类:事务处理系统、管理信息系统和_____。

25. 管理信息系统的三大要素为:系统的观点、数学的方法和_____。

26. 管理信息系统为了对不同的管理层提供不同的信息,在层次上可以分为:执行控制层、管理控制层和_____。

27. 管理信息系统学科是依赖于管理科学、计算机科学和_____的发展而形成的。

28. 管理信息系统是一个由人和计算机等组成的能进行_____收集、传递、存储、加工、维护和使用的系统。

29. 管理系统是分等级的,信息也是分级的,一般分为_____、_____和作业级。

30. 管理信息系统的结构分成四类:_____、功能结构、_____、硬件结构。

四、判断题(正确用 T 表示,错误用 F 表示)

1. 管理信息系统是一个人机集成的信息系统。　　　　　　　　　　(　　)
2. 要构建一个管理信息系统,至少要具备硬件、软件和管理人员。　(　　)
3. 管理信息系统的建设三分靠技术,七分靠管理。　　　　　　　　(　　)
4. 为中层管理者服务的系统通常称为执行控制子系统。　　　　　　(　　)
5. 战略计划子系统中,外部数据所占的比例较大。　　　　　　　　(　　)
6. 管理信息系统绝不只是一个技术系统,而是把人包括在内的人机系统,因而它是一个管理系统,是一个社会系统。　　　　　　　　　　　　　　　(　　)
7. 信息是对数据加工的结果。　　　　　　　　　　　　　　　　　(　　)
8. 计算机只是信息系统的一种工具。　　　　　　　　　　　　　　(　　)
9. 中层管理属于战略级且是半结构化的决策。　　　　　　　　　　(　　)

五、名词解释题

1. 信息化
2. 信息系统
3. 管理
4. 信息报告系统
5. 计划
6. 管理信息
7. 决策支持系统
8. 战略信息
9. 系统
10. 作业信息
11. 管理控制信息
12. 决策过程
13. 数据
14. 决策
15. 管理信息系统

六、问答题

1. 信息系统经历了哪几个发展阶段?

2. 我国现在是否可以跳过工业化而直接实施信息化?

3. 什么是数据?

4. 按照服务对象的不同,可以把管理信息系统分为哪几类?

5. 简述管理信息系统基本结构的组成及各部分的作用。

6. 信息化从哪些途径促进工业化的发展?

7. 简述什么是管理信息系统。

8. 什么是信息高速公路?

9. "三金"工程指的是哪些工程?

10. 简述管理信息系统的概念并加以理解。

11. 什么是信息?

12. 如何深刻认识管理信息系统不仅是技术系统,同时又是社会系统?

13. 试举例说明企业战略信息用于哪些决策。

14. 为什么说信息是有价值的?

15. 简述管理信息系统的功能。

16. 简述管理信息系统的职能结构。

17. 管理信息系统有哪些特点?

18. 结合实际说明企业进行决策的决策类型,以及不同决策类型所要求的信息特点。

19. 管理信息系统学科涉及哪些学科理论? 它们起到什么作用?

20. 管理信息系统有哪些基本功能? 为什么说管理信息系统并不能解决管理中的所有问题?

21. 试论述我国企业管理信息系统存在的问题及发展对策。

22. 试论述 EDPS、MIS 和 DSS 之间的关系。

23. 在管理信息系统建设过程中,如何正确处理人与计算机的关系?

24. 信息系统对人们生活与工作方式有许多有利的影响,但也有不利的影响,请从两方面举例说明。

25. 简述信息在企业管理工作中的作用。

26. 简述数据、信息、知识的区别。

27. 如何理解信息技术发展对企业组织的影响?

28. 如何理解推行现代管理方法是充分发挥管理信息系统作用的关键因素之一?

29. 如果人们获得了信息,是否就一定能够保证管理决策效率的提高?

30. 试根据你的理解,阐述企业信息化的必要性。

第二章
管理信息系统的技术基础

一、单项选择题

1. 通常唯一识别一个记录的一个或若干个数据项称为（　　）。

    A. 主键　　　　　　B. 副键　　　　　　C. 鉴别键　　　　　　D. 索引项

2. 在索引表中,与索引文件每个记录的关键字相对应的是（　　）。

    A. 文件名　　　　　B. 记录项　　　　　C. 数据项　　　　　　D. 相应的存储地址

3. 在计算机的各种存储器中,访问速度最快的是（　　）。

    A. 磁芯存储器　　　　　　　　　　　　B. 磁盘、磁鼓存储器

    C. 半导体存储器　　　　　　　　　　　D. 磁带存储器

4. 为了某一特定的目的而形成的同类记录的集合构成（　　）。

    A. 数据库　　　　　B. 文件　　　　　　C. 文件系统　　　　　D. 数据结构

5. 下面关于文件存储的说法中,正确的是（　　）。

    A. 一个存储器中可以有几个文件,反之,一个文件也可占用几个存储器

    B. 一个存储器中可以有几个文件,但一个文件只能存储在一个存储器中

    C. 一个存储器中只能存储一个文件,但一个文件可以占用多个存储器

    D. 一个存储器中只能存储一个文件,且一个文件也只能存储在一个存储器中

6. 目前所使用的数据库管理系统的结构,大多数为（　　）。

    A. 层次结构　　　　B. 关系结构　　　　C. 网状结构　　　　　D. 链表结构

7. 与使用调制解调器进行计算机通信的远程网相比,局域网的信息传送速度要（　　）。

    A. 高得多　　　　　B. 低得多　　　　　C. 差不多　　　　　　D. 无法比较

8. 下述对数据文件叙述中,正确的是（　　）。

  A. 建立数据文件包括建立文件结构和输入数据这两步

  B. 数据文件是数据项的有序集合

  C. 数据文件中记录个数是固定不变的

  D. 数据文件中的数据项数一旦确定下来就不允许改变

9. 在数据库系统中,数据存取的最小单位是( )。

  A. 字节   B. 数据项   C. 记录   D. 文件

10. 计算机系统的基本组成,一般应包括( )。

  A. 硬件和软件   B. 主机和外部设备

  C. CPU 和内存   D. 存储器和控制器

11. 软件系统一般可分为系统软件和应用软件两大类,在Ⅰ. 语言编译程序、Ⅱ. 数据库管理系统、Ⅲ. 财务管理软件中,( )应属于应用软件范畴。

  A. Ⅰ   B. Ⅱ   C. Ⅲ   D. Ⅰ＋Ⅱ

12. 组建计算机网络的目的是为了能够共享资源,这里的计算机资源主要是指硬件、软件与( )。

  A. 大型机   B. 通信系统   C. 服务器   D. 数据

13. 关于数据的树型组织,下面说法中正确的是( )。

  A. 每一个记录可以有任意数量的指针指向它或离开它

  B. 任一数据项可与其他数据项相联系

  C. 它是将记录按层次关系建立起来的一种数据组织形式

  D. 它是数据物理组织的一种形式

14. 在计算机信息处理中,数据组织的层次是( )。

  A. 数据、记录、文档、数据库   B. 数据、记录、文件、数据库

  C. 数据项、记录、字段、数据库   D. 数据项、记录、文件、数据库

15. 在数据处理中,外存储器直接和( )部件交换信息。

  A. 运算器   B. 控制器   C. 寄存器   D. 内存储器

16. 系统软件和应用软件总称计算机的( )。

  A. 软件系统   B. 操作系统

  C. 数据库管理系统   D. 语言编译系统

17. 下面的系统中,( )是实时系统。

  A. 办公室自动化系统   B. 航空订票系统

  C. 计算机辅助设计系统   D. 计算机激光排版系统

18. 文件系统与数据库系统相比较,其缺陷主要表现在数据联系弱、数据冗余和( )。

  A. 数据存储量低   B. 处理速度慢

  C. 数据不一致   D. 操作繁琐

19. 计算机网络系统以通信子网为中心。通信子网处于网络的(　　),是由网络中的各种通信设备及只用作信息交换的计算机构成。

　　A. 内层　　　　　　B. 外层　　　　　　C. 中层　　　　　　D. 前端

20. 下列不属于计算机网络目标的是(　　)。

　　A. 资源共享　　　　B. 提高工作效率　　C. 提高商业利益　　D. 节省投资

21. 计算机网络系统是(　　)。

　　A. 能够通信的计算机系统

　　B. 异地计算机通过通信设备连接在一起的系统

　　C. 异地的独立计算机通过通信设备连接在一起,使用统一操作系统的系统

　　D. 异地的独立计算机系统通过通信设备连接在一起,使用网络软件实现资源共享的系统

22. 计算机网络中,共享的资源主要是指(　　)。

　　A. 主机、程序、通信信道和数据　　　　　　B. 主机、外设、通信信道和数据

　　C. 软件、外设和数据　　　　　　　　　　　D. 软件、硬件、数据和通信信道

23. 通信链路是通信结点之间的通信通道,它通常不包括(　　)。

　　A. 电话线　　　　　B. 红外线　　　　　　C. 双绞线　　　　　D. 光缆

24. 能将模拟信号和数字信号进行相互转换的设备是(　　)。

　　A. 交换器　　　　　B. 中继器　　　　　　C. 扬声器　　　　　D. 调制解调器

25. 下列操作系统中,不是网络操作系统的是(　　)。

　　A. Netware　　　　B. Windows NT　　　C. DOS　　　　　　D. UNIX

26. 计算机网络的安全是指(　　)。

　　A. 网络中设备设置环境的安全　　　　　　B. 网络使用者的安全

　　C. 网络可共享资源的安全　　　　　　　　D. 网络的财产安全

27. 网络系统中风险程度最大的要素是(　　)。

　　A. 计算机　　　　　B. 程序　　　　　　　C. 数据　　　　　　D. 系统管理员

28. 在 Internet 上,大学或教育机构的类别域名中一般包括(　　)。

　　A. Edu　　　　　　B. Com　　　　　　　C. Gov　　　　　　D. Org

29. 计算机网络按传输距离可以分为(　　)。

　　A. 局域网　　　　　B. 环形网　　　　　　C. 分布式网络　　　D. 远程网

30. 文件管理系统是把数据组织在一个个独立的实际文件中,文件之间的关系是(　　)。

　　A. 相互影响的　　　B. 互相独立的　　　　C. 联系密切的　　　D. 不确定的

31. 在文件系统中,数据和应用程序之间的关系是(　　)。

　　A. 相对独立的　　　B. 联系的　　　　　　C. 互通的　　　　　D. 依赖的

32. 常用的数据库模型包括(　　)。

A. 层次、网状和逻辑　　　　　　　　　B. 层次、关系和逻辑

C. 关系、网状和逻辑　　　　　　　　　D. 层次、网状和关系

33. 在数据库系统中,数据操作的最小单位是(　　　)。

　　A. 字节　　　　　　B. 数据项　　　　　　C. 记录　　　　　　D. 字符

34. 下述各项中,属于数据库系统特点的是(　　　)。

　　A. 存储量大　　　　　B. 存取速度快　　　　C. 数据共享　　　　D. 操作方便

35. 保证数据库中数据及语义的正确性和有效性,是数据库的(　　　)。

　　A. 安全性　　　　　　B. 准确性　　　　　　C. 完整性　　　　　D. 共享性

36. 在数据库系统中,数据独立性是指(　　　)。

　　A. 用户与计算机系统的独立性　　　　　B. 数据库与计算机的独立性

　　C. 数据与应用程序的独立性　　　　　　D. 用户与数据库的独立性

37. 关系中,组成主键的属性不能取空值,这称为关系的(　　　)。

　　A. 实体完整性　　　　　　　　　　　　B. 关系完整性

　　C. 参照完整性　　　　　　　　　　　　D. 主键完整性

38. 下列软件中属于系统软件的是(　　　)。

　　A. 操作系统　　　　　　　　　　　　　B. 科学计算程序

　　C. 办公自动化软件　　　　　　　　　　D. 辅助设计软件

39. C/S 是一种重要的网络计算机模式,其含义是(　　　)。

　　A. 客户机/服务器模式　　　　　　　　B. 文件/服务器模式

　　C. 分时/共享模式　　　　　　　　　　D. 浏览器/服务器模式

40. 下列软件中不属于应用软件的是(　　　)。

　　A. 操作系统　　　　　　　　　　　　　B. 科学计算程序

　　C. 办公自动化软件　　　　　　　　　　D. 辅助设计软件

二、填空题

1. 计算机存储系统是使计算机具有_____能力的系统。

2. 在 Client/Server 工作模式中,客户机可以使用_____向数据库服务器发送查询命令。

3. 数据管理技术随着计算机技术的发展而发展,一般可以分为如下四个阶段:人工管理阶段、文件系统阶段、_____阶段和高级数据库技术阶段。

4. 数据库应用系统的设计应该具有对数据进行收集、存储、加工、抽取和传播等功能,即包括数据设计和处理设计,而_____是系统设计的基础和核心。

5. 数据库管理系统(DBMS)提供数据操纵语言(DML)及其翻译程序,实现对数据库数据的操作,包括数据插入、删除、更新和_____。

6. 用二维表结构表示实体以及实体间联系的数据模型称为_____数据模型。

7. 数据结构包括以下三方面内容：数据的_____、数据的存储结构、数据的运算。

8. 网状、层次数据模型与关系数据模型的最大区别在于表示和实现实体之间的联系的方法：网状、层次数据模型是通过指针链，而关系数据模型是使用_____。

9. 计算机网络主要由四部分构成：主计算机和终端、_____、传输设备、_____。

10. 为了加快检索记录的速度，索引表的_____应按顺序排列。

11. 局域网的传输介质包括有线和无线两大类型，其中有线介质包括_____、_____、_____。

12. 信息技术是_____、_____的总称。

13. 操作系统是最基本的系统软件，它具备_____、_____两大功能。

14. 数据结构可分为_____和_____。

15. 存储方式一般有_____、_____、_____和_____四种。

16. 数据文件的组织方式有_____、_____、_____。

17. 现实世界中联系有_____、_____和_____三种。

18. 实际数据库系统中支持的数据模型有_____、_____和_____三种。

19. 数据库保护主要包括_____、_____、_____和_____。

20. 计算机网络按网络的传输距离可以分为_____、_____和_____。

21. _____是指把来自科学研究、生产实践和社会经济活动等领域中的原始数据，用一定的设备和手段，按一定的使用要求，加工成另一种形式的数据。

22. _____是为达到某一特定目的而形成的同类记录的集合。

23. 计算机网络是指用通信介质把分布在不同地理位置上的计算机和其他网络设备连接起来，实现_____和_____的系统。

三、名词解释题

1. 系统软件   2. 数据组织
3. 计算机网络   4. 数据库系统
5. 数据文件   6. 主键
7. 索引文件   8. 数据模型
9. 数据的完整性   10. 网络拓扑结构

四、问答题

1. 描述通信系统的组成结构。

2. 数据处理经历了哪些阶段，各有什么特点？

3. 数据文件有哪些类型？各有何优缺点？

4. 简述操作系统的主要功能。

5. 简述数据库系统的组成。

6. 计算机软件是如何分类的？各类软件有何特点？

7. 什么是关系模型？关系模型有哪些特点？

8. 简述数据库系统中数据独立性的含义。

9. 简述客户机/服务器模式的网络结构有何优点。

10. B/S结构与C/S结构的信息系统结构相比较，有何区别及优点？

11. 简述计算机网络的概念。·

12. 网络通信信道有哪几种？它们各有何优缺点？

13. 计算机网络的拓扑结构有哪些？

第三章
管理信息系统的开发方法

一、单项选择题

1. 结构化系统开发方法在开发策略上强调(　　)。
   A. 自上而下　　　　B. 自下而上　　　　C. 系统调查　　　　D. 系统设计

2. 原型法贯彻的是(　　)的开发策略。
   A. 自上而下　　　　B. 自下而上　　　　C. 系统调查　　　　D. 系统设计

3. 原型化方法一般可分为三类,即(　　)。
   A. 探索型、开发型、直接型　　　　　　B. 探索型、实验型、演化型
   C. 灵活型、结构型、复杂型　　　　　　D. 目标型、实验型、探索型

4. (　　)最准确地概括了结构化方法的核心思想。
   A. 由分解到抽象　　　　　　　　　　　B. 自顶向下,由细到粗,逐步抽象
   C. 自下而上,由抽象到具体　　　　　　D. 自顶向下,由粗到细,逐步求精

5. 进行系统开发需要(　　)的共同努力。
   A. 系统分析师、计算机技术人员
   B. 管理咨询顾问、管理业务人员
   C. 系统分析师、计算机技术人员、管理咨询顾问
   D. 以上全是

6. 下列不是生命周期法的主要优点的是(　　)。
   A. 强调系统整体性　　　　　　　　　　B. 严格区分工作阶段
   C. 准确定义了用户需求　　　　　　　　D. 采用"自上而下"的设计思想

7. 目前,在实际开发一个系统时,(　　)必须依赖一种具体的开发方法。
   A. 原型法　　　　　　　　　　　　　　B. 面向对象的开发方法

C. 计算机辅助软件工程法　　　　　　　D. 生命周期法

8. 我国企业系统开发的集中方式中,对本企业开发能力要求最高的是(　　)。

　　A. 自行开发　　　　B. 委托开发　　　　C. 合作开发　　　　D. 购买软件产品

9. 我国企业系统开发的集中方式中,在系统维护中最容易的是(　　)。

　　A. 自行开发　　　　B. 委托开发　　　　C. 合作开发　　　　D. 购买软件产品

10. 在系统分析阶段,(　　)不参与工作。

　　A. 系统分析师　　　　　　　　　　　B. 程序设计人员和管理人员

　　C. 管理人员　　　　　　　　　　　　D. 程序设计人员

11. 在生命周期法开发系统,(　　)阶段所用时间较长。

　　A. 系统规划和分析　　　　　　　　　B. 系统实施

　　C. 系统设计　　　　　　　　　　　　D. 以上都对

12. 目前我国企业进行管理信息系统的开发,有(　　)种开发方式。

　　A. 2 种　　　　　　B. 3 种　　　　　　C. 4 种　　　　　　D. 5 种

13. 用原型法开发信息系统,先要提供一个原型,再不断完善,原型是(　　)。

　　A. 系统的概念模型　　　　　　　　　B. 系统的逻辑模型

　　C. 系统的物理模型　　　　　　　　　D. 可运行的模型

14. 企业信息系统的开发有几种方式可供选择,以下关于这些方式的叙述中正确的是(　　)。

　　A. 自主开发方式在需求明确、用户适应性方面较优,但风险较大

　　B. 委托开发方式在用户适应性方面较优,需求满足较好,但不利于推动变革

　　C. 购置商品软件方式在项目控制方面较好,有利于推动变革,但用户适应性一般

　　D. 委托开发和购置商品软件方式有利于本企业信息人才的培养

15. 管理信息系统的开发方法主要有:结构化生命周期法、(　　)、面向对象的方法。

　　A. 自主开发　　　　B. 封闭开发　　　　C. 快速原型法　　　D. 合作开发法

16. 管理信息系统的开发方式有:自行开发、委托开发、合作开发、(　　)。

　　A. 领导决策　　　　B. 集体讨论　　　　C. 快速原型　　　　D. 购买软件包

17. 生命周期法主要有三个方面的缺陷,除难以准确定义用户需求和整个系统开发工作是劳动密集型的之外,另一项便是(　　)。

　　A. 阶段不明确

　　B. 无法对项目进行管理和控制

　　C. 开发周期长,难以适应环境变化

　　D. 各部分不可各自独立地适应环境变化

18. 对于大型信息系统的开发或系统开发缺乏经验的情况,通常采用的开发方法是(　　)。

　　A. 生命周期法　　　　　　　　　　　B. 原型法

  C. 面向对象开发方法   D. CASE 方法

19. 在生命周期法中,除系统分析和系统实施外,中间的阶段是(　　)。

  A. 详细设计 B. 系统设计 C. 需求分析 D. 编程调试

20. 在管理信息系统研制的生命周期法中,编写程序是属于(　　)阶段的任务。

  A. 系统分析 B. 系统设计 C. 系统维护 D. 系统实施

21. 系统分析阶段的主要活动不包括(　　)。

  A. 系统总体规划及可行性研究   B. 计算机网络系统配置方案

  C. 现行系统详细调查   D. 新系统逻辑模型的建立

22. 系统分析的首要任务是(　　)。

  A. 正确评价当前系统   B. 使用户接受分析人员的观点

  C. 彻底了解管理方法   D. 弄清用户的要求

23. 下面(　　)项不是系统设计阶段的主要活动。

  A. 系统总体设计   B. 系统硬件设计

  C. 系统详细设计   D. 编写系统实施计划

24. 一般企业最高信息主管是(　　)。

  A. CKO   B. CIO

  C. 系统分析员   D. 系统设计员

25. 信息技术的应用能促成组织结构扁平化,使企业(　　)。

  A. 决策失误减少   B. 信息失真

  C. 信息沟通复杂   D. 信息结构简单

二、多项选择题

1. 20 世纪 90 年代中期以后,主流的信息系统开发方法为面向对象的开发方法,对象的三个基本要素是(　　)。

  A. 属性   B. 方法   C. 封装   D. 事件

2. 关于面向对象的系统开发方法,以下说法中正确的是(　　)。

  A. 与结构化开发方式相比,面向对象的开发更能直接表现出人求解问题的思维路径(或方法)

  B. 在面向对象的开发中,一个或部分对象的修改不会对整个系统造成大的变动

  C. 目前主流的市场开发方法主要还是结构化的开发

  D. 与结构化开发方式相比,面向对象的开发与人们对世界的认识相似,开发的系统易于使用

3. 目前系统分析的方法主要有两种,它们是(　　)。

  A. 结构化分析   B. 可视化分析

  C. 面向对象分析   D. 优化分析

4. 系统开发的原型法的优点包括( )。
    A. 能更确切地获取用户需求   B. 能提高系统开发文档的规范性
    C. 能提高编程的效率   D. 能合理设计软件的模块结构

5. 传统的结构化系统开发方法的原则包括( )。
    A. 严格区分开发阶段
    B. 从上到下地完成系统的开发工作
    C. 开发文档的标准化和文献化
    D. 充分预料系统可能的变化,可以不断对系统进行修改

三、填空题

1. 开发管理信息系统的策略有_____和_____两种。

2. "自下而上"的开发策略的主要缺点是_____。

3. "自上而下"的开发策略的主要优点是_____。

4. "自下而上"的策略适用于_____型系统的设计,而"自上而下"的策略适用于_____型系统的设计。

5. 人们通常用 SA 表示结构化分析,而用 SD 表示_____。

6. 结构化系统开发方法可分为系统分析、_____和_____三个阶段。

7. 原型法贯彻的是_____的开发策略。

8. OOA、OOD、OOP 分别指_____、_____和_____。

9. 按照结构化思想,系统开发的生命周期划分为总体规划、_____、_____、_____和_____5 个阶段。

10. 一般将系统产生、发展和灭亡的生命历程称为_____。

四、判断题(正确用 T 表示,错误用 F 表示)

1. 结构化生命周期法开发周期较长,因此是一种被淘汰的方法。 ( )

2. 结构化系统开发方法是自顶向下的结构化方法、工程化的系统开发方法和生命周期方法的结合,它是迄今为止开法方法中应用最普遍、最成熟的一种。 ( )

3. 在结构化生命周期法中,系统实施是所有工作的重中之重。 ( )

4. 原型法和生命周期法的思想理念完全不同,所以不能同时使用。 ( )

5. 生命周期法采用自顶向下的分析设计和自底而上的实施相结合。 ( )

6. 系统分析阶段建立的是系统的物理模型。 ( )

7. 原型法符合人们认识事物的规律,所以开发效率较高。 ( )

五、名词解释题

1. 生命周期   2. 原型法

3. 对象
4. 结构化系统开发方法
5. 类
6. 封装
7. 多态
8. 继承
9. 面向对象的开发方法
10. OOA
11. OOD
12. OOP

六、问答题

1. 原型法需要什么环境支持,它有哪些局限?

2. 结构化系统开发方法的优缺点是什么?

3. 原型法优缺点是什么?

4. 什么是对象?对象中封装了哪些内容,意义何在?

5. 请简述系统开发方法的必要性以及常用的开发方法有哪些。

6. 请画出管理信息系统的生命周期模型,并说明各阶段的主要内容和文档。

7. 结合实际应用,讨论"自下而上"和"自上而下"两种 MIS 的开发策略各有何优缺点。

8. 系统开发文档有何作用?

9. 在实际系统的开发中,如何选择开发方法?

10. 管理信息系统有哪几种开发方式?试比较之。

11. 什么是原型法?分析其适用范围。

12. 为什么说管理信息系统开发是"一把手"工程?

13. 如何把原型法和生命周期法结合使用?

14. 结构化系统开发方法为什么比较适用于大型复杂系统的开发?

15. 员工积极参加系统开发的意义是什么?

16. 根据管理信息系统开发方式的特点,你认为我国中小企业应采用什么开发方式?为什么?

17. 原型法分为哪几种类型?试分别简述。

18. 说明并理解面向对象的开发方法中的对象、类、封装、继承等概念。

19. 结合实际应用,分析在具体情况下该如何选择合适的开发方法来进行管理信息系统的开发。

20. 在原型法中,建立初始原型要遵循哪些基本原则?

第四章
系统规划

一、单项选择题

1. MIS 的战略规划可以作为将来考核(   )工作的标准。

　　A. 系统分析　　　　B. 系统设计　　　　C. 系统实施　　　　D. 系统开发

2. MIS 战略规划的组织除了包括成立一个领导小组并进行人员培训外,还包括(   )。

　　A. 制订规划　　　　B. 规定进度　　　　C. 研究资料　　　　D. 明确问题

3. (   )是指企业管理中必要的、逻辑上相关的、为了完成某种管理功能的一组活动。

　　A. 管理流程　　　　B. 业务过程　　　　C. 系统规划　　　　D. 开发方法

4. 可行性分析应该在(   )阶段进行。

　　A. 系统分析　　　　B. 系统设计　　　　C. 系统实施　　　　D. 系统规划

5. 结构化系统开发方法在开发策略上强调(   )。

　　A. 自上而下　　　　B. 自下而上　　　　C. 系统调查　　　　D. 系统设计

6. (   )方法的基本思路是:通过分析找出使企业成功的关键因素,围绕其确定系统需求进行规划。

　　A. CSF　　　　　　B. SST　　　　　　C. BSP　　　　　　D. CASE

7. 系统功能的设置必须与(   )相一致。

　　A. 组织的数据流程　　　　　　　　　B. 组织的业务流程

　　C. 组织目标和发展战略　　　　　　　D. 组织结构

8. 要了解业务与业务之间的关系以及每个业务的处理过程,最适合采用(   )的方式。

    A. 直接观察   B. 阅读资料   C. 面谈   D. 问卷调查

9. 要了解组织的管理方式与制度,最适合采用( )的方式。

    A. 直接观察   B. 阅读资料   C. 面谈   D. 问卷调查

10. 系统开发成本是指( )。

    A. 系统运行维护费用   B. 开发系统的人工费用

    C. 设备费用   D. 培训费

11. 信息系统规划的准备工作包括进行人员培训,培训的对象包括( )。

    A. 高层管理人员、分析员和规划领导小组成员

    B. 高层和中层管理人员、规划领导小组成员

    C. 分析员、程序员和操作员

    D. 高层、中层和低层管理人员

12. 下列选项中,对初步调查叙述正确的是( )。

    A. 调查目的是从总体上了解系统的结构

    B. 调查内容主要包括有关组织的整体信息、有关人员的信息及有关工作的信息

    C. 调查内容主要为人员状况、组织人员对系统开发的态度

    D. 初步调查是在可行性分析的基础上进行的

13. 在进行技术可行性分析中,技术力量方面主要考虑的是( )。

    A. 人员的学历层次   B. 人员的职称结构

    C. 人员的技术水平   D. 人员的年龄结构

14. 下列选项中属于间接经济效益的是( )。

    A. 节省人员   B. 压缩库存   C. 产量增加   D. 改进服务

15. 在以下系统规划方法中,( )能抓住主要矛盾,使目标的识别突出重点。

    A. 价值链分析法   B. 企业系统规划法

    C. 战略目标集转化法   D. 关键成功因素法

16. 以下系统规划的内容中,错误的是( )。

    A. 方向与目标   B. 约束与政策

    C. 技术路线   D. 计划与指标

17. 总体规划的目标不包括( )。

    A. 保证信息的共享性

    B. 确定系统的具体业务功能

    C. 协调各子系统间的工作

    D. 提出资源分布计划,有序、合理地安排开发工作

18. 以下系统规划方法中,( )是由 IBM 公司于 20 世纪 70 年代提出的一种用于内部系统开发的方法。

    A. 关键成功因素法(CSF)   B. 业务流程再造法(BPR)

C. 企业系统规划法（BSP）   D. 战略目标转移法（SST）

19. 在企业系统规划法中，U/C 矩阵主要用来（   ）。

    A. 确定子系统   B. 确定系统边界

    C. 确定系统功能   D. 确定数据类

20. 进行系统规划要设置目标，一般应由（   ）来设置。

    A. 企业领导   B. 信息人员   C. 开发人员   D. 技术员

二、多项选择题

1. 可行性研究中的技术可行性主要从（   ）来分析。

    A. 数据库容量   B. 开发人员   C. 设备条件   D. 技术力量

2. 可行性研究中的经济可行性主要包括费用估计和经济效益估计两个方面，其中费用主要包括（   ）。

    A. 设备费用   B. 系统开发成本

    C. 软件费用   D. 系统运行维护费用

3. 一份完整的可行性研究报告应包括（   ）。

    A. 系统概述   B. 系统目标

    C. 系统开发方案介绍   D. 可行性研究

4. 系统规划的主要任务包括（   ）。

    A. 制定 MIS 的发展战略

    B. 确定组织的信息需求、形成 MIS 的总体结构方案

    C. 制订系统建设的资源分配计划

    D. 确定计算机软硬件的方案

5. 用于管理信息系统规划的方法有很多。把企业目标转化为信息系统战略的规划方法属于（   ）。

    A. U/C 矩阵法   B. 关键成功因素法

    C. 战略目标集转化法   D. 企业系统规划法

6. MIS 战略集包括（   ）。

    A. 系统目标   B. 系统的约束

    C. 系统开发组织   D. 系统开发的战略

7. 以下叙述中不正确的有（   ）。

    A. 关键成功因素法属于全面调查法

    B. 企业系统规划法属于重点突破法

    C. 信息系统的战略主要表达业务控制层的管理需求

    D. 信息系统应能适应组织机构及管理体制的变化

8. 下面属于管理信息系统规划的主要方法包括（   ）。

A. 关键成功因素法   B. 战略目标集转化法

C. 企业系统规划法   D. 产出/方法分析(E/MA)

9. 识别企业数据的两种方法是( )。

A. 企业实体法   B. 企业系统规划法

C. 征费法   D. 企业过程法

10. 为了执行好战略规划,应当( )。

A. 做好思想动员   B. 把规划活动当成一个连续的过程

C. 激励新战略思想   D. 搞好个人关系

11. 可行性是指( )。

A. 重要性   B. 风险性   C. 必要性   D. 可能性

12. 系统调查的方法有( )。

A. 面谈   B. 阅读资料   C. 直接观察   D. 问卷调查

13. 系统调查要遵循的原则为( )。

A. 自顶向下全面展开   B. 工程化的工作方式

C. 全面铺开与重点调查相结合   D. 主动沟通和亲和友善

14. 新系统的设计原则之一就是充分利用现有资源,包括( )。

A. 硬件资源   B. 技术资源   C. 软件资源   D. 人力资源

15. 下列选项中属于系统调查的内容范围的有( )。

A. 组织目标   B. 发展战略   C. 数据流程   D. 竞争机制

三、填空题

1. 系统规划是关于 MIS 长远发展的规划,是_____的一个重要部分。

2. 企业管理现状的调查包括_____、各职能部门的目标,以及对其政策、_____和_____的分析。

3. 新系统的实施计划包括_____、效益分析、_____和管理。

4. 实事求是地全面调查是_____和设计的基础,其工作质量对整个系统的开发建设的成败具有决定性影响。

5. 新系统的设计原则之一就是充分利用企业现有资源,包括_____、软件资源和_____。

6. BSP 法的基本思想是要求所建立的信息系统支持_____、表达所有管理层次的要求、向企业提供一致性信息、对组织机构的变革具备_____。

7. CSF 法用来定义_____的信息需求。

8. 可行性研究的内容包括_____的可行性、技术可行性、_____可行性和_____可行性。

四、名词解释题

1. 系统规划　　　　　　　　　2. 系统调查
3. BSP 法　　　　　　　　　　4. SST 法

五、问答题

1. 系统规划的作用和主要内容是什么？
2. 系统规划分为哪 13 个基本步骤？
3. 常用的系统调查方法有哪些？各自的优缺点是什么？
4. 系统调查的主要内容有哪些？
5. 可行性研究主要包括哪些方面？
6. 系统规划有哪些方法？试比较它们的优缺点。
7. 使用 U/C 矩阵进行子系统划分的步骤有哪些？
8. 可行性研究报告一般应包括哪些内容？
9. 信息主管在信息系统规划中的作用是什么？

六、应用题

1. 成都海浪公司由重庆海浪集团投资控股，于 1996 年 10 月在成都创办，主导产品为双叉奶，日销量达近 10 万瓶，每年净利润达数百万元，拥有员工 90 余人，送奶员 400 余人。

成都海浪公司的组织结构如下：

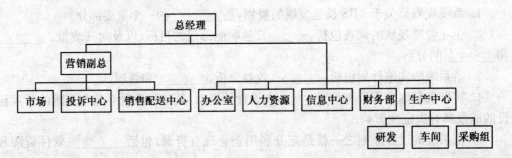

公司营销策略是：采取"订户市场"的策略，避免在大众市场与强大的对手正面交锋。公司的市场竞争状况如下图所示：

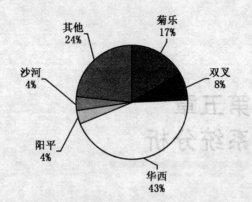

当地品牌主要有"双叉"、"华西"、"菊乐"、"沙河"、"阳平"等，主要走大众市场，在大商场、超市、店、铺、摊点销售。

公司目前存在如下问题：资金流、物流、信息流三方面都在一条线上，即公司→送奶员→客户，这种单线渠道易造成环节垄断，风险巨大。由于客户数据（包括姓名、住址、订奶数量、品种等）均在送奶员手中，公司短期局部调查流失率多达 67%。

请问：

(1)该公司可以采用什么信息系统建设方案来解决存在的问题？

(2)如果该公司计划建设一个管理信息系统，请根据以上资料写出可行性研究报告。

2. 凯越公司(化名)是国内一家大型企业，企业实行三级管理，即总公司—公司—分公司。企业实施信息化已有多年，每年在信息化建设方面投入了大量的人力和财力，公司已建立了办公自动化、财务系统、人力资源系统等，并已搭建了公司广域网、局域网。由于公司提出了创国际一流企业的目标，因此公司希望在信息化建设方面也要与国际最先进的企业看齐，并使信息化建设能成为公司实现创国际一流目标的重要推动力。请为凯越公司进行有关信息化建设的规划。

第五章
系统分析

一、单项选择题

1. 系统分析阶段能回答的问题是（　　）。
   A. 系统所要求解决的问题是什么
   B. 为解决该问题，系统应干些什么
   C. 系统应该怎么去做
   D. 系统如何实施

2. 系统分析阶段的最后结果是（　　）。
   A. 系统分析报告　　　　　　　　B. 系统需求报告
   C. 系统设计报告　　　　　　　　D. 系统使用说明书

3. 系统分析最基本的任务是（　　）。
   A. 详细调查现行系统的情况和具体结构，并用一定的工具对现行系统进行详尽的描述
   B. 找出现行系统存在的薄弱环节，并提出改进设想
   C. 在详细调查和用户需求分析的基础上提出新系统的逻辑模型
   D. 对逻辑模型进行适当的文字说明

4. （　　）可以帮助我们了解该业务的具体处理过程，发现并处理系统调查工作中的错误和疏漏，修改和删除原系统中的不合理部分，在新系统基础上优化业务处理流程。
   A. 数据流程图　　　　　　　　　B. 业务流程分析
   C. 组织结构分析　　　　　　　　D. 新系统逻辑模型

5. （　　）是今后建立数据库系统和设计功能模块过程的基础。
   A. 数据流程图　　　　　　　　　B. 业务流程分析

C. 数据与数据流程分析　　　　　　D. 新系统逻辑模型

6. 数据字典建立应从（　　）阶段开始。

　　A. 系统设计　　　　B. 系统分析　　　　C. 系统实施　　　　D. 系统规划

7. 对一个企业供、销、存管理信息系统而言，（　　）是外部实体。

　　A. 仓库　　　　　　B. 计划科　　　　　C. 供应科　　　　　D. 销售科

8. 数据流（　　）。

　　A. 也可以用来表示数据文件的存储操作

　　B. 数据流标识可以同名

　　C. 必须流向外部实体

　　D. 不应该仅是一项数据

9. 决策树和决策表用来描述（　　）。

　　A. 逻辑判断功能　　　　　　　　　　B. 决策过程

　　C. 数据流程　　　　　　　　　　　　D. 功能关系

10. 数据流程图是描述信息系统的（　　）的主要工具。

　　A. 物理模型　　　　B. 优化模型　　　　C. 逻辑模型　　　　D. 决策模型

11. 描述数据流程图的基本元素包括（　　）。

　　A. 数据流、内部实体、处理功能、数据存储

　　B. 数据流、内部实体、外部实体、信息流

　　C. 数据流、信息流、物流、资金流

　　D. 数据流、处理功能、外部实体、数据存储

12. 系统分析报告的主要作用是（　　）的依据。

　　A. 系统评价　　　　B. 系统设计　　　　C. 系统实施　　　　D. 系统规划

13. 对系统分析人员的要求是（　　）。

　　A. 熟悉计算机硬件和软件

　　B. 精通本行业管理业务

　　C. 精通本行业管理业务，并熟悉计算机

　　D. 精通计算机，并略知管理知识

14. 绘制数据流程图指的是绘制（　　）。

　　A. 新系统的数据流程图

　　B. 原系统的数据流程图

　　C. 新系统和原系统的数据流程图

　　D. 与计算机处理部分有关的数据流程图

15. 数据流的具体定义是（　　）。

　　A. 数据处理流程图的内容　　　　　　B. 数据字典的内容

　　C. 新系统边界分析的内容　　　　　　D. 数据动态特性分析的内容

16. 判断表由( )组成。

A. 条件、决策规则和应采取的行动　　　　B. 决策问题、决策规则、判断方法

C. 环境描述、判断方法、判断规则　　　　D. 方案序号、判断规则、计算方法

17. 在系统分析阶段,判定树主要用来( )。

A. 代替数据流程图　　　　　　　　　　B. 描述逻辑处理过程

C. 描述系统数据结构　　　　　　　　　D. 描述系统组织结构

18. 下列不属于系统分析任务的是( )。

A. 对现行系统进行详细调查　　　　　　B. 分析系统业务流程

C. 分析系统数据流程　　　　　　　　　D. 进行系统界面设计

19. 在系统分析中,判断树和判断表的功能是用于描述( )。

A. 输入内容　　　　B. 数据存储　　　　C. 处理逻辑　　　　D. 输出格式

20. 下面是一个"学生注册选课系统"的数据流程图,其中( )为数据处理环节。

A. 教务科　　　　B. 学生　　　　C. 教师　　　　D. 课程注册系统

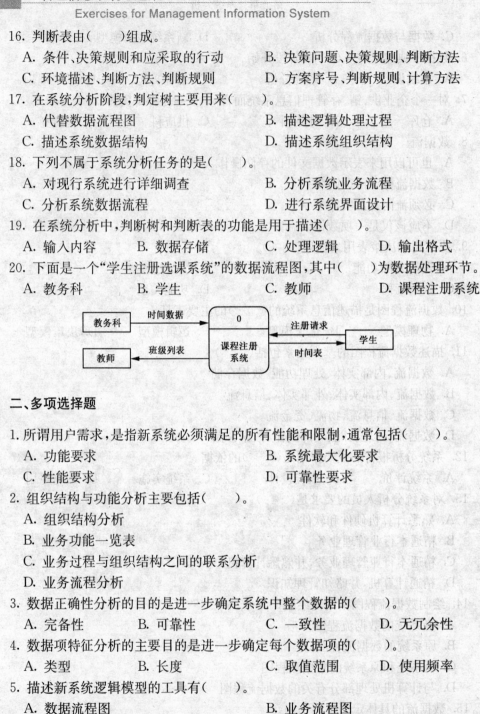

二、多项选择题

1. 所谓用户需求,是指新系统必须满足的所有性能和限制,通常包括( )。

A. 功能要求　　　　　　　　　　　　　B. 系统最大化要求

C. 性能要求　　　　　　　　　　　　　D. 可靠性要求

2. 组织结构与功能分析主要包括( )。

A. 组织结构分析

B. 业务功能一览表

C. 业务过程与组织结构之间的联系分析

D. 业务流程分析

3. 数据正确性分析的目的是进一步确定系统中整个数据的( )。

A. 完备性　　　　B. 可靠性　　　　C. 一致性　　　　D. 无冗余性

4. 数据项特征分析的主要目的是进一步确定每个数据项的( )。

A. 类型　　　　B. 长度　　　　C. 取值范围　　　　D. 使用频率

5. 描述新系统逻辑模型的工具有( )。

A. 数据流程图　　　　　　　　　　　　B. 业务流程图

C. 结构化语言　　　　　　　　　　　　D. 判定树

6. 数据流程图的特点包括( )。

A. 正确性　　　　　　B. 完整性　　　　　　C. 抽象性　　　　　D. 概括性

7. 新系统的逻辑方案是系统分析报告的主体,具体内容包括(　　)。

A. 新系统功能模型

B. 新系统信息模型

C. 新系统在各个业务处理环节拟采用的管理方法、算法或模型

D. 新系统开发资源与开发进度估计

8. 数据字典包括(　　)。

A. 数据流条目　　　B. 文件条目　　　　C. 加工说明条目　D. 数据项条目

9. 数据流程图的基本图形符号包括(　　)。

A. 数据流　　　　　B. 加工处理　　　　C. 文件　　　　　D. 数据源

10. 一份完整的系统分析报告应该包括(　　)。

A. 现行系统概况

B. 新系统目标

C. 新系统的逻辑方案

D. 新系统开发资源与开发进度估计

三、填空题

1. 系统分析阶段,主要任务是对组织结构与功能进行分析,理清企业业务流程和数据流程的处理,并且将企业业务流程与数据流程_____,通过对功能数据的分析,提出_____。

2. 组织结构图用于描述组织的_____以及组织内部各职能部门及其相互间隶属关系的_____。

3. 定义系统"做什么"的开发阶段是_____。

4. 组织结构分析通常是通过_____来实现的。

5. _____是把组织内部各项管理业务功能都用一张表的方式罗列出来。

6. _____进一步指出组织内各职能部门与业务的关系及各部门之间发生的业务联系。

7. 绘制_____的过程是全面了解业务处理的过程,是进行系统分析的依据。

8. 数据流程分析主要包括对信息的_____、传递、_____、存储等的分析。

9. 描述加工说明的常用工具有_____、判定表和_____。

10. 绘制数据流程图一般遵循_____的原则。

11. 建立数据字典是为了对_____图上的各个_____的内容和特征作出详细的定义和说明。

12. 系统分析报告是系统_____的依据,是与_____交流的工具。

13. 对数据流程图进一步分解应从图中的_____框开始,即将它分解为多个"处

理"。

14. 数据项条目用来给出_____的定义。

15. 数据流程图的四种基本元素是：数据流、加工处理、_____和_____。

四、名词解释题

1. 系统分析   2. 结构化系统分析方法

3. 组织结构图   4. 业务流程图

5. 用户需求   6. 数据流

7. 数据源   8. 数据字典

五、问答题

1. 系统分析的任务和主要内容是什么？

2. 简述结构化系统分析方法的特点。

3. 数据汇总分为哪些步骤？

4. 系统分析报告应包括哪些基本内容？

5. 简述数据字典的作用。它由哪几部分组成？

6. 业务流程分析的任务和内容是什么？

7. 举例说明分层数据流程图的画法。

六、应用题

1. 分析一所大学（比如你所在的学校或学院）的机构组成，试绘出其组织结构图。

2. 去图书馆借书的过程是：借书人先查图书卡片；填写借书条；交给图书管理人员；管理人员入库查书；找到后由借书人填写借书卡片；管理员核对卡片；将书交给借阅者；将借书卡内容记入计算机。

请绘制出该业务的业务流程图，并考虑对"找不到书"、"卡片填错"、"过期不还书"等情况的中断处理。

3. 试根据以下业务过程绘制领料业务流程图：车间填写领料单给仓库要求领料；库长根据用料计划审批领料单；未经批准的领料单退回车间，已批准的领料单被送给仓库管理员；仓库管理员查阅库存账，若有货，则通知车间领料，即把领料通知单发给车间，否则，将缺货通知单发至供应科。

4. 根据以下业务流程绘制业务流程图：采购员从仓库收到缺货通知单后，查阅订货合同单；若已订货，向供货单位发出催货通知，否则，填写定货单交供货单位；供货单位发出货物后，立即向采购员发出取货通知。

5. 请根据以下图书借阅的业务流程绘制业务流程图：读者把索书单交给借书员，核实之后，书库管理员取书并修改图书库文件、登记借阅台账，接着把书递给借书员，借书员核对借阅台账后再将书交给读者。

6. 下面的数据流程图(一个订单处理系统)中,存在着错误的流程关系,请改正之。

7. 某仓库管理系统按以下步骤进行入库信息处理,试绘出其数据流程图:

(1) 保管员根据当日的入库单,通过入库处理将数据输入"入库流水账",并修改"库存台账";

(2) 根据库存台账,由统计和打印处理程序输出库存日报表;

(3) 需要查询时,可在查询处理系统中输入查询条件后,到库存台账中查找,并显示查询结果。

8. 商场 POS 系统的前台管理流程如下,试据此画出该系统的数据流程图:

(1)顾客决定购物后,由各柜台的销售员开出购物收款单。

(2)收银台的收银员在 POS 机上录入单证并检查,输出收款小票,根据小票对现金或信用卡进行收款处理,并向顾客输出取货单;顾客根据取货单去柜台领回商品。

(3)收银员输出销售流水记录,对销售流水账、收款账表进行修改。

(4)销售经理每日根据销售流水账对销售情况进行汇总和审核,以此对柜组考核,并输出日出库明细账和进销存日报表。

9. 运动会成绩处理过程为:接受项目裁判送来的比赛成绩单,使用项目文件和运动员文件,将成绩录入到比赛成绩文件。查询成绩时,根据运动员文件和比赛成绩文件产生项目比赛成绩,并送至大会秘书处。请绘制运动会成绩处理的数据流程图。

10. 某商场对每批购入的商品根据"入库单"登记在"购入流水账"中;对每批销售的商品根据"出库单"登记在"销售流水账"中;商品每天入库或出库后,要根据"购入流水账"和"销售流水账",修改"库存台账";商场每月根据"库存台账"制作各种报表。请绘制某商场供销存管理的数据流程图。

11. 某邮局的报刊订阅流程如下:订户根据所需报刊填写订单,邮局根据订单记入订报明细表,并给订户回执。订报期截止后,邮局每天要做下列工作:产生本邮局各报刊订报数据统计表,交报刊分发中心;产生投递分发表给投递组;部分数据存储和数据流说明如下:

报刊分类表:报刊号、报刊名。

订单:姓名、邮编、街道名、门牌号、报刊名、份数、起订日期、终止日期。

订报明细表:订户编号、订户姓名、邮编、街道名、门牌号、报刊名、份数、起订日期、终止日期。

订数统计表:报刊号、报刊名、数量。

投递分发表:姓名、邮编、街道名、门牌号、报刊名、份数。

数据流程图如下:

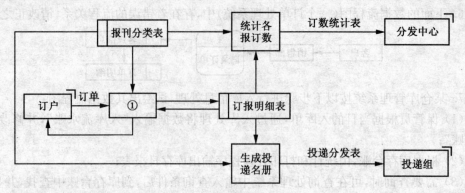

请问:需要进行哪些处理? 能发现什么错误?

如果同一个订户可能订阅多种报刊,为了减少冗余,可将订报明细表分成订户表和订报表。请设计这两张表的项目,并修改数据流程图。

12. 某企业负责处理订货单的部门每天能收到来自顾客的大约 40 份订货单,订货单上的项目包括订货单编号、顾客编号、产品编号、数量、订货日期、交货日期等。试根据这一业务情况和有关数据流程图(略),写出数据字典中的"订货单"数据流定义。

13. 请根据下述库存量监控功能的处理逻辑画出判断树:

(1)若库存量小于等于 0,按缺货处理;

(2)若库存量小于等于库存下限,按下限报警处理;

(3)若库存量大于库存下限且小于等于储备定额,则按订货处理;

(4)若库存量大于库存下限、小于库存上限且大于储备定额,则按正常处理;

(5)若库存量大于等于库存上限且大于储备定额,则按上限报警处理。

14. 下列是某超市的购物折扣政策,试用判定树表示该处理逻辑。

(1)购物 500 元以上且为会员,折扣为 5%;

(2)购物 500 元以上且为非会员,折扣为 3%;

(3)购物 500 元以下,无折扣。

15. 下列为下岗职工领取最低生活保障金的政策,请用判定表表示该处理逻辑。

(1)月收入 300 元以上,不享受低保;

(2)月收入 300 元以下、年龄在 45 岁以上,低保金额为 150 元/月;

(3)月收入 300 元以下、年龄在 45 岁以下,低保金额为 100 元/月;

(4)无月收入,低保金额为 250 元/月。

16. 将下面的判定表改成判定树。

学生奖励处理的判定表

条件			Y	Y	Y	Y	N	N	N	N	状态
条件	已修课程各门成绩比率	优 ≥ 70%	Y	Y	Y	Y	N	N	N	N	状态
		优 ≥ 50%	--	--	--	--	Y	Y	Y	Y	
		中以下 ≤ 15%	Y	Y	N	N	Y	Y	N	N	
		中以下 ≤ 20%	--	--	Y	Y	--	--	Y	Y	
	团结纪律得分	优、良	Y	N	Y	N	Y	N	Y	N	
		一般	N	Y	N	Y	N	Y	N	Y	
决策方案	一等奖		X								决策规则
	二等奖			X	X		X				
	三等奖					X		X	X		
	四等奖									X	

17. 你需要为你所在的学校设计一个网上学生选课系统,用于教务部门公布课程、学生选修和查询课程。请你进行此系统的系统分析,绘制出该系统的顶层数据流程图和一个 DFD 片段图示。

第六章
系统设计

一、单项选择题

1. 系统设计阶段的成果是（　　）。
   A. 系统实施进度与计划的制订　　　　B. 计算机硬件方案的选择和设计
   C. 处理过程设计　　　　　　　　　　D. 系统设计说明书

2. 系统设计阶段的主要目的是（　　）。
   A. 将系统逻辑方案转换成物理方案　　B. 设计新系统的目标
   C. 程序设计　　　　　　　　　　　　D. 代码设计

3. 数据库设计，属于系统开发的（　　）。
   A. 系统分析阶段　　　　　　　　　　B. 系统总体设计阶段
   C. 系统实施阶段　　　　　　　　　　D. 系统详细设计阶段

4. 系统分析报告的主要作用是（　　）的依据。
   A. 系统规划　　　B. 系统实施　　　　C. 系统设计　　　D. 系统评价

5. 局域网中使用较多的是（　　）。
   A. 星型拓扑结构　　　　　　　　　　B. 环型拓扑结构
   C. 总线型拓扑结构　　　　　　　　　D. 方型拓扑结构

6. 适合较小网络应用的是（　　）。
   A. 星型拓扑结构　　　　　　　　　　B. 环型拓扑结构
   C. 总线型拓扑结构　　　　　　　　　D. 方型拓扑结构

7. 在数据管理技术的发展过程中，经历了人工管理阶段、文件系统阶段和数据库管理阶段。其中，数据独立性最高的阶段是（　　）。
   A. 数据库系统　　　　　　　　　　　B. 文件系统

C. 人工管理   D. 数据项管理

8. 下列关于数据库系统的叙述中正确的是(   )。

   A. 数据库系统减少了数据冗余

   B. 数据库系统避免了一切冗余

   C. 数据库系统中数据的一致性是指数据类型一致

   D. 数据库系统比文件系统能管理更多的数据

9. 数据库系统的核心是(   )。

   A. 数据库   B. 数据库管理系统

   C. 数据模型   D. 软件工具

10. 用树形结构来表示实体之间联系的模型称为(   )。

   A. 关系模型   B. 层次模型   C. 网状模型   D. 数据模型

11. 关系表中的每一行称为一个(   )。

   A. 元组   B. 字段   C. 属性   D. 码

12. 在关系数据库中,用来表示实体之间联系的是(   )。

   A. 树结构   B. 网结构   C. 线性表   D. 二维表

13. 数据库设计包括两个方面的设计内容,它们是(   )。

   A. 逻辑设计和物理设计   B. 模式设计和内模式设计

   C. 内模式设计和物理设计   D. 结构特性设计和行为特性设计

14. 将 E—R 图转换到关系模式时,实体与联系都可以表示成(   )。

   A. 属性   B. 关系   C. 键   D. 域

15. 用户界面设计包括(   )。

   A. 输入—输出设计   B. 人—机对话的方式

   C. A 和 B   D. 数据结构设计

16. 输入信息的内容设计应包括(   )。

   A. 数据项名称、数据类型   B. 数值范围及输入格式

   C. 精度或位数   D. 以上均是

17. 在输入设计中,保证输入数据的正确性是非常关键的,可以采用(   )方法来保证输入数据的正确性。

   A. 选择合适的输入方法   B. 选择合适的校验方法

   C. 选择可靠的输入设备   D. 设计好原始单据

18. 输出设计应由(   )。

   A. 系统分析员根据用户需要完成   B. 系统设计员根据用户需要完成

   C. 程序设计员根据输入数据完成   D. 系统设计员根据输入完成

19. 为了检查会计工作中借方会计科目合计与贷方会计科目合计是否一致,通常在程序设计中应进行(   )。

A. 界限校验　　　　B. 重复核验　　　　C. 平衡校验　　　　D. 记录计数校验

20. 输入设计应遵循的原则是( )。

A. 满足处理要求的最高限度　　　　B. 可以重复输入

C. 输入数据的汇集和操作简便易行　　　　D. 不用处理数据所需的形势记录

21. 常用的输出方式有( )。

A. 打印机　　　　B. 键盘　　　　C. 扫描仪　　　　D. 传感器

22. 下列选项中,( )不是常用的输入方式。

A. 绘图仪　　　　B. 数模\模数转换输入

C. 电话网络　　　　D. 显示器

23. 下列选项中,( )是流程设计常用的工具。

A. 流程图　　　　B. 决策树　　　　C. 判定表　　　　D. E-R 图

24. 下列选项中,( )不属于系统设计阶段内容。

A. 程序设计　　　　B. 数据库设计

C. 处理流程设计　　　　D. 编写系统设计说明书

25. 数据输入设计的内容不包括( )。

A. 输入格式的设计　　　　B. 输入方式的设计

C. 输入数据的校验　　　　D. 数据记录

26. 输出设计不包括( )。

A. 明确用户对系统的需求　　　　B. 确定输出的类型

C. 确定输出介质　　　　D. 确定输出方式

27. HIPO 图的基本内容不包括( )。

A. 绘制数据流程图

B. 绘制 IPO 图

C. 分解功能模块

D. 从下至上、由左及右的执行顺序绘制 HIPO 的模块

二、填空题

1. 系统设计主要包括_____设计和_____设计。

2. 计算机硬件、硬件配置应能够满足系统的 5 种要求:_____、_____、_____、_____、_____。

3. 拓扑结构有 3 种类型:_____、_____、_____。

4. 操作系统的基本功能主要包括_____、_____、_____、_____、_____、_____六个方面。

5. 系统设计阶段的主要任务是将系统分析阶段的_____模型转化为实现方案的_____模型,并最终设计出系统的详细设计方案。

6. 系统设计方案中应包括_____设计、代码设计、_____设计、_____设计等内容。

7. 在系统分析阶段,利用_____表和_____表可以描述组织、业务、功能之间的对应关系。

8. 系统的功能分解的过程就是一个从_____的、由_____的过程。

9. 一般企业管理信息系统的系统功能模块包括_____、_____、_____、_____和_____。

10. 一个项目具有一个项目主管,一个项目主管可管理多个项目,则实体"项目主管"与实体"项目"的联系属于_____的联系。

11. 数据独立性分为逻辑独立性与物理独立性。当数据的存储结构改变时,其逻辑结构可以不变,因此,基于逻辑结构的应用程序不必修改,称为_____。

12. 数据库系统中,实现各种数据管理功能的核心软件称为_____。

13. 关系模型的完整性规则是对关系的某种约束条件,其中包括实体完整性、_____和自定义完整性。

14. 在关系模型中,把数据看成一个二维表,每一个二维表称为一个_____。

15. 数据库设计的完整过程分为以下四个阶段:_____、_____、_____、_____。

16. 概念模型的表示方法是_____。

17. E-R图提供了表示_____、_____和_____的方法。

18. 根据逻辑设计和物理设计的结果,在计算机上建立起_____、_____、_____的过程称为数据库的实现。

19. _____设计是一个在系统设计中很容易被忽视的环节,又是一个十分重要的环节。

20. 输入设计的目标是:在保证_____和_____的前提下,应做到输入方法简便、迅速、经济。

21. 数据输入是用户与计算机的主要接口,其设计内容主要包括:_____、_____和_____。

22. 对输出信息格式的要求较多的系统是_____和_____。

23. 用户界面主要的形式有:_____、_____、_____和_____。

24. 网络传送的方式包括_____和_____。

25. 传送的控制信息分为_____和_____。

26. IPO图就是用来说明每个模块的_____、_____和_____的重要工具。

27. 模块的执行顺序一般是_____、_____。

28. 管理信息系统输出设计中,输出方式主要有_____和_____。

29. 系统设计中应遵循的原则为_____、_____、_____和_____。

30. 代码的种类有＿＿＿＿、＿＿＿＿和＿＿＿＿。

31. 系统模型分＿＿＿＿和＿＿＿＿。

三、名词解释题

1. 服务器   2. 操作系统

3. 网络拓扑结构   4. 数据库管理系统

5. 层次模块结构图   6. 数据库设计

7. 第一范式   8. 第二范式

9. 第三范式   10. 概念模型

11. 物理结构设计   12. 数据库的安全性

13. 条码输入   14. 输出设计

15. 用户界面   16. 填表式

17. 一般菜单   18. IPO 图

四、简答题与计算题

1. 简述系统设计阶段的主要任务。

2. 简述系统设计的原则。

3. 简述管理信息系统采用的设计方法及其优点。

4. B/S 结构与 C/S 结构的信息系统结构相比较,有何区别及优点?

5. 简述子系统划分的一般原则。

6. 简述划分子系统的方法。

7. 简述需求分析的目的与目标。

8. 在概念结构设计过程中,使用 E-R 方法建立概念模型的基本步骤有哪些?

9. 逻辑结构设计的任务是什么?

10. 在逻辑结构设计过程中,按照规范化范式理论将 E-R 图转换为关系模式,基本步骤包括哪些?

11. 将 E-R 图转换为关系模型,一般遵循什么原则?

12. 规范化理论在数据库设计中有哪些方面的应用?

13. 输入设计应遵循什么基本原则?

14. 简述输出设计的要求以及主要工作。

15. 处理流程设计应该考虑什么问题?

16. 最常用的输出方式有哪些?

17. 输入方式的设计主要思想是什么? 常用的输入方式有哪些?

18. 输入数据的校验有哪几种? 简述各种校验的方法。

19. 现有代码共 6 位,末位为校验位,校验位的值采用算术级数法(65432)和几何级数法(32、16、8、4、2)进行计算,现有代码值为 24567,请计算出该代码有校验位的值(要求写出计算过程)。

20. 试用几何级数法确定原代码为 1684 的校验位和新代码。要求以 11 为模,以 24、9、3、1 为权。

五、论述题

1. 什么是模块化设计思想?试述具体做法。
2. 按照系统设计报告内容的要求,拟订一份图书馆系统设计报告。

第七章
系统实施

一、单项选择题

1. 在项目管理中,主要需协调(　　)之间的矛盾,并采取措施加强他们之间的联系和合作。

  A. 系统设计人员和系统分析人员 B. 领导和计算机技术人员

  C. 系统分析人员和计算机技术人员 D. 系统设计人员和编程人员

2. 为便于系统重构,模块划分应(　　)。

  A. 大一些   B. 适当   C. 尽量大   D. 尽量小

3. 系统调试中的分调是调试(　　)。

  A. 主控程序

  B. 单个程序,使它能运行起来

  C. 功能模块内的各个程序,并把它们联系起来

  D. 调度程序

4. Visual Basic(　　)。

  A. 是关系数据库管理系统   B. 没有生成功能

  C. 有一定生成功能   D. 不具有面向对象功能

5. DO WHILE-ENDDO 语句用于(　　)。

  A. 选择结构   B. 循环结构

  C. 顺序结构   D. 网络结构

6. 系统开发中要强调编好文档的主要目的是(　　)。

  A. 便于开发人员与维护人员交流信息 B. 提高效益

  C. 便于绘制流程图   D. 增加收入

7. 下列工作中（　　）属于管理信息系统实施阶段的内容。

    A. 模块划分、程序设计、人员培训

    B. 选择计算机设备、输出设计、程序调试

    C. 可行性分析、系统评价、系统转换

    D. 程序设计、设备购买、数据准备与录入

8. 用结构化程序设计方法时，任何程序均由（　　）这三种基本逻辑结构组成。

    A. 控制结构、选择结构、执行结构　　　　B. 选择结构、执行结构、循环结构

    C. 控制结构、选择结构、循环结构　　　　D. 顺序结构、选择结构、循环结构

9. 系统实施阶段的工作内容包括（　　）。

    A. 文件和数据库设计　　　　　　　　　　B. 系统运行的日常维护

    C. 编写程序设计说明书　　　　　　　　　D. 制定设计规范

10. 系统调试中总调的内容包括（　　）。

    A. 程序的语法调试　　　　　　　　　　　B. 主控制调度程序调试

    C. 功能的调试　　　　　　　　　　　　　D. 单个程序的调试

11. 调试程序时，用空数据文件去进行调试，检查程序能否正常运行，这属于（　　）。

    A. 用异常数据调试　　　　　　　　　　　B. 用正常数据调试

    C. 用更新数据调试　　　　　　　　　　　D. 用错误数据调试

12. 系统实施的依据是（　　）。

    A. 系统总体结果　　　　　　　　　　　　B. 数据流程图

    C. 系统分析设计档案　　　　　　　　　　D. 业务流程图

13. DO CASE 语句属于程序基本逻辑结构中的（　　）。

    A. 循环结构　　　　B. 网络结构　　　　C. 顺序结构　　　　D. 选择结构

14. 系统实施后的评价是指（　　）。

    A. 新系统运行性能与预定目标的比较　　　B. 确定系统失败的原因，进行适当调整

    C. 在系统切换前进行的评价　　　　　　　D. 以上都对

15. 新系统取代旧系统通常不能采用的方法是（　　）。

    A. 平行转换法　　　B. 逐步转换法　　　C. 分步转换法　　　D. 直接转换法

16. 源程序投入运行后，发现的问题或错误应容易修改，这是指源程序的（　　）。

    A. 正确性　　　　　B. 可读性　　　　　C. 可调试性　　　　D. 可维护性

17. 系统调试的目的是（　　）。

    A. 证明系统无错误　　　　　　　　　　　B. 找出并修改错误

    C. 发现问题　　　　　　　　　　　　　　D. 证明系统可运行

18. 系统实施阶段的数据存储准备工作要努力避免"垃圾进、垃圾出"的含义是（　　）。

    A. 系统输入的是垃圾，输出的也是垃圾

    B. 系统设计有问题,系统实施无法进行

    C. 系统分析错误,整个开发工作无法进行

    D. 系统程序设计错误,输入数据准确,输出的信息不可靠

19. 系统维护的内容包括程序维护、代码维护、硬件设备维护和( )。

    A. 平台维护   B. 数据维护

    C. 文档资料维护   D. 预防性维护

20. 下列系统转换方法中,最可靠的是( )。

    A. 直接转换   B. 平行转换   C. 试运行转换   D. 逐步转换

21. 下列系统转换方法中,最快捷的是( )。

    A. 直接转换   B. 平行转换   C. 试运行转换   D. 逐步转换

22. 为扩充功能和改善性能而进行的修改属于( )。

    A. 适应性维护   B. 完善性维护

    C. 预防性维护   D. 更正性维护

23. 新系统取代旧系统,风险较大的转换方法是( )。

    A. 平行转换   B. 直接转换   C. 逐步转换   D. 导航转换

24. 系统设计的阶段性技术文档是( )。

    A. 可行性分析报告   B. 系统说明书

    C. 系统功能结构图   D. 系统实施方案

25. 对整个程序系统以及人工过程与环境的调试,目的是对子系统结合而成的程序系统进行综合性测试,发现并纠正错误,这样的调试称为( )。

    A. 分调   B. 联调   C. 总调   D. 统调

26. 在系统维护中,由于上级要求或用户为了操作方便而提出对程序中某些输入、输出格式与操作方法的修改属于( )。

    A. 更正性维护   B. 完善性维护   C. 适应性维护   D. 可靠性维护

27. 易用性测试主要的测试内容包括( )。

    A. 交互适应性   B. 实用性   C. 有效性   D. 以上全部

28. 从指导思想上来说,程序调试工作的实质目标应该是( )。

    A. 证明程序的正确性

    B. 证明程序的不正确性

    C. 发现程序中的错误并且纠正它

    D. 验证程序功能的可靠性

29. 下列系统切换方法中,费用最少的是( )。

    A. 直接切换   B. 并行切换   C. 逐步切换   D. 试点切换

30. 完成管理信息系统的日常运行工作的人员是( )。

    A. 信息中心负责人   B. 系统分析员

  C. 程序设计员　　　　　　　　　　D. 操作员

31. 系统测试的对象是(　　)。

  A. 数据文件　　　B. 源程序　　　　C. 全部文档　　　D. 整体系统

32. 按照程序的逻辑路径及过程进行测试的方法是(　　)。

  A. 黑盒法　　　　B. 白盒法　　　　C. 逻辑法　　　　D. 路径法

33. 主要用于测试模块之间接口的测试是(　　)。

  A. 单元测试　　　B. 组装测试　　　C. 确认测试　　　D. 功能测试

34. 系统测试的目的是(　　)。

  A. 发现错误　　　B. 改正错误　　　C. 减少错误　　　D. 控制错误

35. 以下测试中,主要检查系统设计问题的是(　　)。

  A. 单元测试　　　B. 组装测试　　　C. 确认测试　　　D. 系统测试

36. 由于管理和技术环境的变化,对系统中某些部分进行适当调整、修改,由此进行的维护是(　　)。

  A. 更正性维护　　B. 完善性维护　　C. 适应性维护　　D. 预防性维护

37. 校验输入信息时,最重要的校验对象是(　　)。

  A. 主文件数据　　B. 事务数据　　　C. 金额数据　　　D. 数量数据

38. 关于系统实施工作,正确的叙述是(　　)。

  A. 程序的运行效率最重要

  B. 系统测试的对象是源程序

  C. 测试是为了使程序做到无错

  D. 排错方法依赖于程序语言的选择

39. 关于系统维护工作,正确的叙述是(　　)。

  A. 采用非结构化开发方法对维护工作没有影响

  B. 开发费用比维护费用大得多

  C. 系统维护技术人员也需要有较高的水平

  D. 编写程序比理解别人的程序难

40. 关于系统维护工作,以下叙述中,不正确的是(　　)。

  A. 用户的维护请求应有书面申请

  B. 系统维护无须严格的步骤

  C. 要防止未经允许的擅自修改

  D. 系统维护工作应以规范形式记录存档

41. 系统容错能力不包括(　　)。

  A. 故障约束能力　　　　　　　　　　B. 故障检测能力

  C. 故障恢复能力　　　　　　　　　　D. 故障排除能力

42. MIS建设的各个阶段中,最能获得效益的阶段是(　　)。

  A. 系统规划   B. 系统分析

  C. 系统实施   D. 系统运行和维护

43. 系统分析员应当(　　　)。

  A. 善于说服用户接受自己的方案

  B. 能对企业进行机构改革

  C. 在管理者和计算机技术人员之间起桥梁作用

  D. 能领导 MIS 项目建设

44. 关于测试工作,以下叙述正确的是(　　　)。

  A. 遵循谁开发谁测试原则   B. 不能用错误的数据去测试

  C. 保留存档测试用例   D. 功能超出设计更好

45. 企业信息系统开发项目大多无法按时完成,其主要原因是(　　　)。

  A. 合作方未按要求完成进度

  B. 较多的细节要求只有在开发过程中才能明确,增加了系统方案的修改与开发工作量

  C. 我国还缺乏得力的信息管理与信息系统专业人才

  D. 需要非常大的投资,往往超出预算而难以满足经费需要

46. 如果在企业信息系统开发项目过程中已经发现时间上的延误,那么可以采取一些措施将进度拉回来,但以下措施中(　　　)是不可取的。

  A. 再分解工作内容,增加开发人员来承担

  B. 经常性地与用户交换意见,及时地明确项目计划中遗留的不确定问题

  C. 适当调配或增加开发人员,解决延误工作

  D. 在不影响总体目标的前提下,删减个别子项目或降低局部的功能指标

47. 信息系统建设项目中知识培训的内容包括"信息系统的开发方法与开发过程"。企业对此内容的培训有不同程度的认识,其中(　　　)的认识是恰当的。

  A. 意义不大,有没有这些知识无所谓

  B. 为了使知识相对完整,有必要培训这方面的知识

  C. 作为信息化知识必须普及,否则不能与企业发展相适应

  D. 因为要参加项目,所以必须了解这方面的知识

二、填空题

1. _____是实施阶段的最后一道检验工序,通过后即可进入程序的试运行阶段。

2. 在系统实施阶段中,用新系统取代旧系统通常采用转换方法,即新旧两个系统同时运行,在此过程中对照两者的_____。

3. 两种基本类型的通信网络是_____和_____。

4. 程序总调是调试所有控制程序和各_____相连的接口,保证控制通路和

_____传送的正确性。

5. 代码的维护是一项难度很大的工作,其困难不仅是代码本身的变动,而在于新代码能不能贯彻执行,为此_____管理部门和_____部门要共同负起责任来。

6. 循环结构是重复执行一个或几个模块,直到满足某一_____为止。

7. MIS投入运行后的日常运行管理内容,除机房、设备管理之外,还包括每天运行状况、数据输入输出情况以及系统的_____等的如实记录。

8. 管理信息系统运行中的设备折旧、租金、人工费和消耗品费等总称为_____费用。

9. 选择结构是根据条件的_____或_____选择程序执行的通路。

10. 结构化程序设计方法的特点是对任何程序都设计成顺序结构、_____结构和_____结构这三种基本逻辑结构。

11. 利用软件开发工具是为了减少甚至避免_____,提高开发效率。

12. 现在的DBMS往往不只用于数据管理,而且具备一定的生成功能,如具有生成_____功能和生成_____功能等。

13. MIS开发和实现中的项目管理是指对_____的管理和_____的管理等,目的是做到用最少的时间和资源消耗来完成预定目标。

14. 程序调试中发现程序错误的方法有_____和_____两种。前者目前尚处于研究之中,后者是已普遍使用的方法,但用这种方法调试的程序,只能说是基本正确,需经过应用才能得到验证。

15. 程序调试时应当用正常数据、_____数据和_____数据去进行调试。

16. 系统维护包括程序的维护、_____的维护和代码的维护。

17. 程序调试时,测试数据除采用正常数据外,还应编造一些_____和错误据以考验程序的正确性。

18. 管理信息系统的维护工作主要内容包括_____维护、_____维护、代码维护和机器维修。

19. 系统评价一般从_____、_____和_____三个方面进行。

20. 程序和系统调试中,在单个程序模块调试后,还要进行_____和_____。

21. 软件测试中在各种极限情况下对产品进行测试(如很多人同时使用该软件,或者反复运行该软件),以检查产品的长期稳定性,这种测试的方法称为_____。

三、名词解释题

1. 结构化程序设计方法
2. 黑盒子测试
3. 白盒子测试
4. 强力测试
5. 易用性测试
6. 演绎调试法

四、问答题

1. 系统实施阶段包括哪些主要工作内容?

2. 为什么说程序的可理解性和可维护性往往比程序效率更为重要?

3. 试述结构化程序设计。

4. 模块测试的主要目的是什么?

5. 白盒法、黑盒法测试系统有何特点,实际应用中如何选用?

6. 系统转换有哪几种方式? 大型复杂系统应选择何种转换方式为宜?

7. 关于计算机硬件的配置,为什么说一步到位的策略不可取?

8. 请解释系统文档是信息系统的生命线的说法。

9. 为什么说系统信息的共享与交互能使部门之间、管理人员之间的联系更紧密,可加强他们之间的协作精神,提高企业的凝聚力?

10. 信息系统带给组织的好处之一是"对企业的基础管理产生很大的促进作用"。请你对此说法做简要说明。

11. 有些企业将负责信息化建设的部门称为信息管理部,而有的企业则将其称为信息技术部。请问两者有何异同? 着重从企业领导的角度评述其出发点。

12. 企业信息人员大多喜欢在工作时间上网查询各种与当前工作无直接关系的资料,对此,不同企业的领导有不同的看法。请谈谈你的观点。

13. 信息系统涉及多种技术和方法,企业信息系统的开发需要具有多种知识和技能的群体共同协作完成。请你简要叙述该开发群体应该具备哪些知识和技术。

14. 假设你学的是信息管理与信息系统专业或其他管理类专业,去一家要开发 ERP 系统的企业应聘信息管理部门的岗位。在面谈时该企业的招聘人员说你不是计算机专业的,不适合此工作。这时你如何向该招聘人员解释你能胜任?

15. 目前我国 CIO 队伍尚处于成长中,CIO 可选人才奇缺。假定你打算朝 CIO 职位发展,你将做出怎样的职业规划?

16. 请你简单地谈一谈管理类专业的学生学习管理信息系统知识的重要性。

第八章
系统的维护与评价

一、单项选择题

1. 系统运行的异常情况应该记录下来,以便系统的维护和改进。关于记录方式有人工和自动两种。这两种方式各有优缺点,以下评述中( )是不恰当的。

    A. 自动记录省力高效,但不利于我们对异常情况引起重视

    B. 手工记录繁琐,但有利于我们了解异常问题的细节

    C. 自动记录目前还难以做到

    D. 手工记录操作起来容易流于形式

2. 信息系统的适应性维护以系统运行情况记录与日常维护记录为基础,有许多工作内容,但以下不属于信息系统适应性维护的是( )。

    A. 系统运行与日常维护记录的分析

    B. 系统结构的调整、更新与扩充,系统功能的增设、修改

    C. 系统文档的更新和增添

    D. 信息系统新项目的方案制定

3. 以下是关于信息系统文档作用的叙述,其中正确的是( )。

    A. 系统的把握依靠系统文档

    B. 经过改进,随着时间推移系统日趋稳定,系统文档的作用将降低

    C. 系统的当事人如开发者或提供商无法联络时,系统文档的作用就真正体现出来

    D. 系统文档价值与所花费的代价无法相比

4. 信息系统的文档非常重要,如果信息系统没有文档,那么会发生( )情况。

    A. 系统无法开发下去   B. 系统无法正常运行

    C. 系统无法进行维护   D. 系统无法更新换代

5. 信息系统的安全性问题由多种原因造成,随着信息技术及其应用的普及,这些原因也在发生变化。从目前阶段看,最主要的是(　　)。

    A. 自然现象或电源不正常引起的软硬件损坏与数据破坏

    B. 操作失误导致的数据破坏

    C. 病毒侵扰导致的软件与数据的破坏

    D. 对系统软硬件及数据的人为破坏

6. 信息系统的评价内容有系统性能、直接经济效益与间接经济效益等几个方面,系统性能又由许多指标表示。以下不属于性能指标的是(　　)。

    A. 可操作性和处理速度　　　　　　　B. 可靠性和稳定性

    C. 可复制和可推广性　　　　　　　　D. 可扩展和可维护性

7. 信息系统的诸多评价目标或指标中,有些较为重要。从以下内容看,其中(　　)是最重要的。

    A. 直接的经济效益指标　　　　　　　B. 可靠性能指标

    C. 信息资源开发利用程度　　　　　　D. 对企业变革所起的重要性

8. 信息系统的折旧率取决于其生命周期。由于信息技术发展迅速,信息系统的生命周期较短,一般在(　　)。

    A. 2～3 年　　　　　　　　　　　　B. 5～8 年

    C. 10～15 年　　　　　　　　　　　D. 20～30 年

二、填空题

1. 系统评价主要由＿＿＿＿＿、＿＿＿＿＿及＿＿＿＿＿等方面组成。

2. 性能评价着重评价系统的＿＿＿＿＿,包括系统的＿＿＿＿＿、可靠性、安全性、响应时间、容错性、使用效率等。

3. 评价其应用的经济效果,应从＿＿＿＿＿和＿＿＿＿＿两方面来分析。

4. 系统费用是指＿＿＿＿＿的总和。

5. 系统评价工作的成果是＿＿＿＿＿。系统评价报告主要是根据系统可行性分析报告、＿＿＿＿＿、系统设计报告所确定的＿＿＿＿＿目标、功能、性能、计划执行情况、新系统实现后的＿＿＿＿＿等给予评价。

6. MIS 的日常运行管理绝不仅仅是机房环境和设施的管理,更主要的是对系统＿＿＿＿＿、数据输入和输出情况以及＿＿＿＿＿及时如实地记录和处置。这些工作主要由系统运行值班人员来完成。

7. 整个系统运行情况的＿＿＿＿＿能够反映出系统在大多数情况下的＿＿＿＿＿,对于系统的评价与改进具有重要的参考价值。

8. 系统维护是指在管理信息系统交付使用后,为了＿＿＿＿＿而修改系统的过程。

9. 维护是管理信息系统生命周期中＿＿＿＿＿的活动。

10. 理解别人写的程序通常非常困难，而且困难程度随着软件配置成分＿＿＿＿＿＿。如果仅有程序代码而没有＿＿＿＿＿＿，则会出现严重的问题。

三、名词解释题

1. 性能评价
2. 经济效果评价
3. 应用软件维护
4. 数据文件维护
5. 代码维护
6. 硬件设备维护
7. 适应性维护
8. 信息规范
9. 维护管理模式
10. 计算机的软硬件平台规范

四、问答题

1. 系统运行评价指标有哪些？

2. 系统维护包括哪些内容？系统维护分哪几种类型？

3. 我们认为管理上有不确定性，这是信息系统开发带有不确定性的原因之一。请简要回答管理的不确定问题及其对信息系统开发的影响。

4. 关于计算机硬件的配置，为什么说一步到位的策略不可取？

5. 信息系统的开发作为一项工程项目，与一般的技术系统的开发相比，有哪些差别？

6. 为什么说信息系统的维护与运行始终并存？

7. 对已运行一段时间的企业信息系统，用户提出修改要求，作为负责系统维护的企业信息人员，应该如何处理该要求？

8. 为什么说系统信息的共享与交互能使部门之间、管理人员之间的联系更紧密，可加强他们之间的协作精神，提高企业的凝聚力？

9. 信息系统带给组织的好处之一是"对企业的基础管理产生很大的促进作用"。请你对此说法做简要说明。

10. 由于信息系统维护的繁重和困难，许多科研人员一直在寻求适应性更强的信息系统。对此简要谈谈你的思路。

五、应用题

1. 某企业近几年来发展迅速，经营规模不断扩大，因此在组织结构和管理流程等方面需要变革，信息系统的维护工作量相应也很大。由于该企业没有重视系统文档管理工作，尽管信息管理部门也随着业务的增加而新招聘了不少信息人才，但信息系统维护工作仍然不能使企业各层管理人员满意。该状况已经影响到信息系统的正常运转，更谈不上继续开发和购置新的信息系统。企业高层领导和信息主管已注意到这一问题，正研究如何改变局面。请你根据该企业信息系统维护工作现状，指出在信息系统文档方面必须及时解决的问题，并提出解决问题的建议。

2. 企业实施管理信息系统的成功率一直被认为是较低的,有人说低于 50%,甚至还有人说失败率为 80%。如果问题真是如此,那么又怎样衡量管理信息系统的优越性? 请就管理信息系统的成功率问题发表你的意见。可以从信息技术的发展与普及、应用信息系统商品软件的品种和销量、人们对管理信息系统的认识、企业信息管理机构和队伍等角度来做定性的分析和讨论。

3. 某企业购置了一套功能模块较完整的 ERP 系统商品软件,该软件的处理逻辑是基于先进的管理模式设计的。经过艰难的系统实施,该企业在业务流程上向 ERP 靠拢,做了较大的改革,一些重复的单证输入和审核业务被取消,现在客户订单一经产生,生产和采购部门就能看到,原来经常遇到的业务数据差错也有了明显的减少。尤其是原材料采购根据客户订单和产品结构等因素计算来精确安排,既确保满足生产所需的原材料,按时向客户交货,又不造成原材料的积压。目前该系统运行正常,企业管理人员也能熟练使用,并开始提出进一步改进系统的意见。请根据该企业实施和应用 ERP 系统的情况介绍,就系统的效益和所起的作用做简要的定性评价。

4. 一家处于快速发展中的企业经营范围有所变化,经营方式和管理方法也在改变,尤其是业务流程变化较大。为配合企业的发展并促进变革,该企业最近开发并运行了一个 ERP 系统。从开发到实施,再从实施到运行,系统一直处于不断修改、扩展和完善之中。请你根据该企业组织发展、管理工作和方法的特点,以及企业信息系统的特性解释这一现象。

第九章
统一建模语言 UML

一、单项选择题

1. 以下关于模型的说法中,错误的是(　　)。
   A. 模型是对现实的简化
   B. 一个系统只能用一个模型
   C. 一个好的模型包括那些有广泛影响的主要元素,而忽略那些与给定的抽象水平不相关的次要元素
   D. 通过建模,可以帮助人们理解复杂的问题

2. 以下(　　)不属于 UML 基本构造块。
   A. 事物　　　　　　 B. 图　　　　　　 C. 规则　　　　　　 D. 关系

3. 在进行(　　)相关领域的应用开发时,不推荐使用 UML 建模。
   A. 数值计算　　　 B. 工业系统　　　 C. 信息系统　　　 D. 软件系统

4. 以下关于软件的说法,错误的是(　　)。
   A. 软件就是程序
   B. 与硬件不同,软件不存在磨损和老化问题
   C. 大多数软件是根据客户需求定做的,而不是利用现成的部件组装成所需要的软件
   D. 软件是复杂的

5. 以下(　　)不属于软件的生存期。
   A. 维护　　　　　　 B. 需求分析　　　 C. 软件设计　　　 D. 意向

6. 关于下图,说法错误的是(　　)。

A. Reader 是类名　　　　　　　　　　B. borrowBook 是类的方法

C. name 是类的属性　　　　　　　　　D. name 是公有的

7. 下图中,表示"包"这种事物的是(　　　　)。

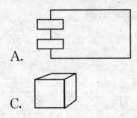

A.

B. ○

C.

D.

8. 下图中,表示"依赖"这种关系的是(　　　　)。

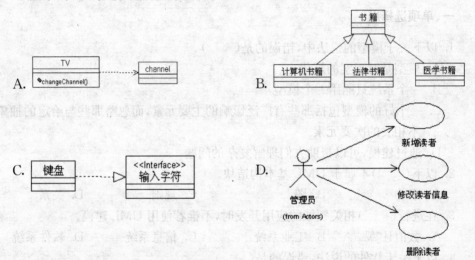

9. (　　　　)图可以用来对需求建模。

A. 用例图　　　　B. 类图　　　　　C. 部署图　　　　D. 组件图

10. 下面不是 UML 中的静态视图的是(　　　　)。

A. 状态图　　　　B. 包图　　　　　C. 对象图　　　　D. 类图

11. 以下是图书管理系统中的相关类,属于实体类的是(　　　　)。

A. 书类　　　　　　　　　　　　　　B. 借书操作界面类

C. 书籍管理类　　　　　　　　　　　D. 读者管理类

12. 通常对象有很多属性,但对于外部对象来说,某些属性应该不能被直接访问,下面(　　　　)不是 UML 中的类成员访问限定符。

  A. 公有的(public)　　　　　　　　　　B. 受保护的(protected)

  C. 友好的(friendly)　　　　　　　　　　D. 私有的(private)

13. 以下说法中错误的是(　　)。

  A. 在编译一个类之前需要另一个类的定义,这是类之间的使用依赖关系

  B. 一个类的方法调用其他类的操作,这是类之间的调用依赖关系

  C. 一个类向另一个类分发事件,这是类之间的发送依赖关系

  D. 一个类中创建了另一个类的实例,这是类之间的创建依赖关系

14. 在 UML 中,类之间的关系有一种为关联关系,其中多重性用来描述类之间的对应关系,下面(　　)不是其中之一。

  A. 0···1　　　　　B. 0···*　　　　　　　C. 1···*　　　　　　　D. *···*

15. 顺序图是强调消息随时间顺序变化的交互图,下面(　　)是顺序图的组成部分。

  A. 类角色　　　　B. 生命线　　　　　　C. 转换　　　　　　　D. 消息

16. 关于包的描述,(　　)不正确。

  A. 和其他建模元素一样,每个包必须有一个区别于其他包的名字

  B. 包中可以包含其他元素,比如类、接口、组件、用例等,但不能再包含包

  C. 包的可见性分为:public、protected、private

  D. 引入(import)使得一个包中的元素可以单向访问另一个包中的元素

17. 组件图用于对系统的静态实现视图建模,这种视图主要支持系统部件的配置管理,通常可以分为四种方式来完成,下面(　　)不是其中之一。

  A. 对源代码建模　　　　　　　　　　B. 对可执行体的发布建模

  C. 对事物建模　　　　　　　　　　　D. 对可适应的系统建模

18. 下图是(　　)。

  A. 类图　　　　　　B. 用例图　　　　　C. 活动图　　　　　D. 状态图

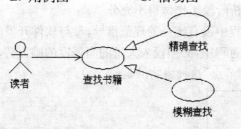

19. (　　)是被节点执行的事物。

  A. 包　　　　　　　B. 组件　　　　　　C. 接口　　　　　　D. 节点

20. 以下关于类的说法,错误的是(　　)。

  A. 类可以包含属性和操作

  B. 类有三种可见性:共有、保护和私有

  C. 类可以分为三种类型:实体类、边界类和控制类

D. 类与类之间只存在依赖、泛化和使用这三种关系

21. 下图是一个顺序图,其中问号处所代表的是(   )。

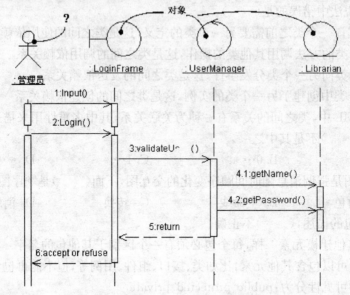

A. 类角色　　　　　B. 生命线　　　　　C. 激活区　　　　　D. 消息

22. 在绘制 ATM 自动取款机的相关用例图时,在通常情况下,以下(   )不应该被考虑成"参与者"。

A. 用户　　　　　　　　　　　　B. 银行系统

C. ATM 取款机管理员　　　　　　D. 取款

23. 以下(   )不是软件开发过程中可以尽量避免或可以着力改进的问题。

A. 软件开发无计划性,进度的执行和实际情况有很大差距

B. 软件需求分析阶段工作做得不充分

C. 软件开发过程中没有统一的规范指导,参与软件开发的人员各行其是

D. 软件的开发过程中,必须投入大量的高强度的脑力劳动

24. 下图中,表示"节点"这种事物的是(   )。

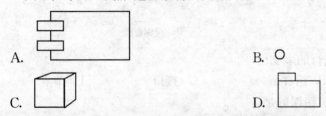

25. (   )可以用来描述系统硬件的物理拓扑结构以及在此结构上运行的软件。

A. 用例图　　　　　B. 类图　　　　　C. 部署图　　　　　D. 活动图

26. 以下说法中错误的是(   )。

A. 用例既可以描述系统做什么，也可以描述系统是如何被实现的

B. 应该从参与者如何使用系统的角度出发定义用例，而不是从系统自身的角度出发

C. 基本流描述的是该用例最正常的一种场景，在基本流中系统执行一系列活动步骤来响应参与者提出的服务请求

D. 备选流负责描述用例执行过程中异常的或偶尔发生的一些情况

27. 下列关于状态图的说法中，正确的是( )。

A. 状态图是 UML 中对系统的静态方面进行建模的五种图之一

B. 状态图的应用主要有两种：对对象的生命周期建模和对反应型对象建模

C. 活动图和状态图是对一个对象的生命周期进行建模，描述对象随时间变化的行为

D. 状态图强调对有几个对象参与的活动过程建模，而活动图更强调对单个反应型对象建模

28. 下面说法中错误的是( )。

A. 泛化表示一般和特殊的关系
B. 用例之间存在泛化关系
C. 参与者之间存在泛化关系
D. 参与者和用例之间存在泛化关系

二、简答题

1. 看图回答问题：

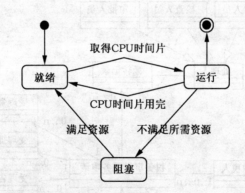

(1)该图是什么图，其中的矩形框表示什么？

(2)该图描述了怎样的情形？

2. 请根据下面的用例图设计相关类图。

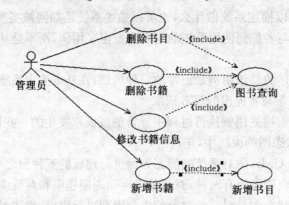

3. 学生管理系统中有一个模块是报到登记,具体流程是:在新生入校报到时进行新生信息登记,记录学生的报到资料,进行个人基本情况的输入、查询、修改等。

问题:

(1)写出在上述需求描述中出现的 Actor。

(2)根据上述描述绘制其用例图。

4. 请选择 UML 中合适的图来描述图书管理系统中读者信息管理模块的业务。包括新增读者、修改读者信息、删除读者等功能。

5. 下图是"涉税服务管理效能管理系统"中类模型的一个局部图,请根据该图回答以下问题。

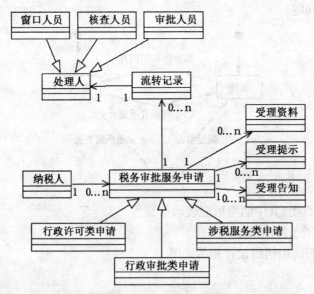

(1)在描述"税务审批服务申请"时,它主要包含哪几个方面的内容? 它有几种不同的类别?

(2)对于每一条流转记录,可能与几个"税务审批服务申请"相关? 与几个处理人相关?

6. 请说明下图所示的协作图的含义。

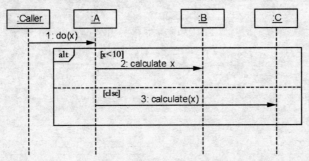

7. 已知三个类 A、B 和 C。其中类 A 由类 B 的一个实类和类 C 的 1 个或多个实类构成。

请画出能够正确表示类 A、B 和 C 之间关系的 UML 类图。